中国－东盟渔业资源保护与开发利用丛书

中国－东盟海上合作基金项目(CANC-2018F)"中国－东盟渔业资源保护与开发利用"资助图书

# 稻渔
# 综合种养技术与典型模式

DAOYU ZONGHE ZHONGYANG JISHU YU DIANXING MOSHI

王广军　蔡云川　符　云　主编

U0398002

中国农业出版社

北　京

图书在版编目（CIP）数据

稻渔综合种养技术与典型模式 / 王广军，蔡云川，符云主编 . —北京：中国农业出版社，2023.7
ISBN 978 - 7 - 109 - 30683 - 7

Ⅰ.①稻… Ⅱ.①王… ②蔡… ③符… Ⅲ.①水稻栽培②稻田养鱼 Ⅳ.①S511②S964.2

中国国家版本馆 CIP 数据核字（2023）第 080108 号

中国农业出版社出版

地址：北京市朝阳区麦子店街 18 号楼
邮编：100125
责任编辑：杨晓改　林维潘
版式设计：书雅文化　　责任校对：李伊然
印刷：北京中兴印刷有限公司
版次：2023 年 7 月第 1 版
印次：2023 年 7 月北京第 1 次印刷
发行：新华书店北京发行所
开本：700mm×1000mm　1/16
印张：10　插页：1
字数：191 千字
定价：68.00 元

# 《稻渔综合种养技术与典型模式》
# 编 写 人 员

>>>**主　编**：王广军　蔡云川　符　云

>>>**副主编**：张　凯　陈江风　姜志勇

>>>**编写人员**（按姓氏笔画排序）：

王广军　付　兵　孙　悦　田晶晶

李志斐　李琳娜　陈江风　张　凯

何志超　郁二蒙　罗锦声　姜志勇

夏　耘　郭晓奇　龚望宝　符　云

贾丽娟　梁　辉　谢　骏　蔡云川

禤翠屏

# 前　言

唐诗有云："蛙鸣蒲叶下，鱼入稻花中。"这是对我国稻田养鱼这一悠久生态农业生产方式的最好诠释。我国是世界上最早开展稻田养鱼的国家，早在1700多年前的三国时代就有稻田养鱼记载。据《魏武四时公制》所叙及："郫县子鱼，黄鳞赤尾，出稻田，可以为酱。"这一记载虽然没有说在稻田里养鱼，但汉代池塘养鱼以鲤为主，因此推测那时也很有可能开始在稻田里养鲤了。此外，郫县地处川西平原，稻田终年积水（称为"冬水田"），对稻田养鱼来说具备了有利条件。唐代刘恂的《岭表录异》卷上记载的岭南地区利用鲩鱼改造土地贫瘠的山坑田，是后世稻田养鱼的先声（类似于现在的稻渔轮作）。"田鱼之乡"——永嘉，是浙江省东南沿海的一个县，位于瓯江下游段的北岸，古称永嘉为瓯。古书上说："瓯人是'饭稻羹鱼'。"足见稻和鱼在瓯人生活中所占的地位，同时也说明了古瓯时代稻和鱼两者早已密切相联。2005年，具有1200多年历史的浙江省青田县稻鱼共生系统被联合国粮食及农业组织（FAO）列为中国第一个、世界第一批全球重要农业文化遗产保护试点。

原始的稻田养鱼是一种粗放的养殖方式，遵循稻鱼共生的理念，将鱼放入注满水的稻田中，任其自然生长，这个过程中，既可获得鱼产品，又可利用田鱼吃掉稻田中的害虫和杂草，同时田鱼排泄粪便，为水稻生长创造良好条件。近年来，为适应产业转型升级需求，国家大力推广稻渔综合种养模式。2017年，"推进稻田综合种养"被写入中央 1 号文件，"稻田养鱼"推进到了"稻渔综合种养"的新阶段。"稳粮增收，渔稻互促，绿色生态"是这一阶段的突出特征。经过技术创新、品种优化和模式探索后，稻渔综合种养在传统的稻田养鱼基础上，向稻、鱼、虾、蟹、贝、龟鳖、蛙等共生和轮作的多种模式发展，逐步形成稻-蟹、稻-虾、稻-龟鳖、稻-鱼、稻-贝、稻-蛙等综合模式，走出了一条产业高效、产品安全、资源节约、环境友好的发展之路，形成一个经济、生态和社会效益共赢的产业链。

我国稻渔综合种养产业快速发展，在促进乡村振兴、脱贫攻坚和渔业高质量发展等方面发挥了重要作用。根据《中国稻渔综合种养产业发展报告（2020）》统计，2019 年我国有稻渔综合种养的省份共 27 个，稻渔综合种养面积 3 476 万亩*，其中湖北、湖南、四川、安徽、江苏、贵州、江西、云南等 8 省种养面积超 100 万亩；稻渔综合种养水产品产量 291.33 万吨，同比增加 58.01 万吨，增长了 24.86%，淡水养殖水产品产量占比由 2018 年的 7.88% 提高到 2019 年的 9.67%。湖北、四川、湖南、安徽、江苏、浙江、江西等 7 省种养水产品产量超 10 万吨。对 2019 年全国稻渔综合种养测产和产值分析表明，稻渔综合种养比单种水稻亩均效益增加 90.0% 以上，亩均增加产值 524.76 元，采用新模式的亩均增加产值在 1 500 元以上，带动农民增收 300 亿元以上。

2019 年，农业农村部下发文件规范稻渔综合种养产业发展，部署推进稻渔综合种养高质量绿色发展。2019 年 7 月 28 日，在全国稻渔综合种养产业扶贫现场观摩活动上，农业农村部副部长于康震强调，要把稻渔综合种养作为脱贫攻坚的重要产业，为实施乡村振兴战略和打赢脱贫攻坚战作出渔业贡献。据不完全统计，全国稻渔产业共带动 20 万以上贫困户脱贫。实践证明，发展稻渔综合种养既是促进乡村振兴、富裕渔民的有效手段，也是美丽乡村建设的重要支

---

* 亩为非法定计量单位，1 亩＝1/15 公顷。——编者注

撑，还是渔业转方式、调结构的重点方向。

当前，各地应因地制宜，按照"以渔促稻、稳粮增收、质量安全、生态环保"的总体要求，研发推广具有地方特色的稻渔综合种养模式和技术手段，逐步建立健全稻渔综合种养产业体系、生产体系和经营体系，深入挖掘稻渔综合种养潜力，在促进农业增效，带动农民增收的同时，进一步加快推进农业转型升级，加速农业供给侧结构性改革，让稻渔综合种养这一可复制、可推广、可持续的现代绿色循环农业模式继续焕发新的生机。

编　者

2022 年 5 月

# 目　录

前言

# 第一章
# 稻田养鱼的发展历程

## 第一节  稻田养鱼在我国的历史

### 一、全国稻田养鱼概况

水稻主要在热带和亚热带种植，那里有充足的水，适宜的土壤、温度、湿度优势。水稻种植在亚洲是一门古老的艺术，在这一地区，它的种植仍然经常与传统和文化习俗密切相关。在其他地方，水稻的大规模种植是在过去 200 年左右的时间里才开始推广的。由于科学研究、社会变革、知识全球化和贸易增长，水稻栽培在方法和结构上都发生了重大变化。

水稻是三大粮食作物之一，其他两种是小麦和玉米。与后者不同的是水稻主要种植在季节性淹水的田地里。鱼和其他水生生物在水生阶段栖息在稻田中，在晒田阶段作为休息期或在其他的庇护所存活下来。自古以来，在东南亚地区、中国和印度等地区和国家，人们就从稻田里获得鱼类，作为一种额外收获。

稻田养殖，又称稻田养鱼，是根据生态经济学的原理在稻田生态系统进行良性循环的生态养殖模式，利用稻田生态的浅水环境，辅以人为的措施，把原来矛盾的水稻种植业和水产养殖业结合起来，采用合理的技术措施，解决稻鱼之间的矛盾，发挥鱼对稻的有利作用，形成田面种稻、水体养鱼、鱼粪肥田的共生互利的生态系统，达到水稻增产、鱼类增收的目的。关于稻田养殖的重大意义，中国科学院水生生物研究所研究员、著名水生生物专家倪达书曾指出，"种稻养鱼，既可以在省工省力省饵料的条件下收获相当数量的鱼产品（食用鱼或大规格鱼种），又可以在不增加投入的情况下促使稻谷增收一成以上"。近几年来，由于市场经济的刺激，水产养殖科技工作者的勇敢探索，将各种水产动物的池塘养殖技术移植到稻田，并加以适当改进，从而极大地丰富了传统稻田养鱼理论的内涵，形成了稻田生态渔业利用的现代稻田养鱼理论新框架，掀起了水稻种植技术和水产养殖技术的又一次革命。

稲田养鱼开辟了养鱼生产的新途径，可节省大量的资金。发展稻田养鱼，即不需要占用现有的养殖水面，也不需要占地挖池。利用稻田，可以做到就地育种，就地放养，利于生产，方便群众。改变了过去良种靠外援，品种不对路，规格小品质差，价格不合理，长途运输成活率低的现象。同时，利用稻田养殖成鱼或其他水产品，不但可以解决农民"吃鱼难"的问题，还可以就近销售、繁荣市场、活跃农村经济、增加农民收入，变自然优势为商品优势和经济优势。

稻田养鱼充分利用各种物质与能量，提高资源利用率。稻田内开展水产品的养殖需要配备一定的工程设施，比如开沟挖凼等，从而变稻田的平面生产为立体利用。形式上，由于开沟挖凼减少了水稻的有效种植面积，而实际上开挖的沟凼斜坡仍可植稻，再加上其他条件的相应改善，水稻产量一般都相应地有所增加。同时，由于稻田的立体利用，不仅可产出水稻，而且还可以生产出人们生活需要的高蛋白水产品，提高了土地资源的利用率。另外，稻田内的杂草、昆虫、害虫等大都是对水稻有害的生物资源，必须人工清除出去，否则会影响水稻的生长。而这些资源对于水产品来说，许多都是良好的饵料资源。开展稻田养殖，可使这部分资源得到充分利用，变废为宝。稻田单一种植水稻时，水资源是单一途径利用，而养殖水产品后可得到双重利用。因为对于水生生物来说，水体只是基本的生活环境，并不会大量消耗，因而可以做到"借水还水"，相应提高水资源的利用率。

稻田养鱼改善了水稻的生长条件，有利于促进水稻增产。在稻田里进行水产品的养殖，对水稻的生产有许多有利条件。首先，可以清除田间杂草，实践证明，稻田养殖水产品可以较为彻底地消灭田间杂草、浮游生物和落水害虫，变害为利，省去了人工除草的繁重劳动，而且有人工除草无法相比的除草经常性，更有化学除草剂不能比拟的无公害化，既节省费用又减少对环境的污染。其次，增加了通风透光能力，一方面稻田养鱼工程的沟凼增加了稻秧之间的行距。另外，在水稻生长前期，鱼吃食稻田中的杂草，可减少杂草与秧苗争肥、争光的机会，降低肥料的损失；到水稻生长中后期，鱼体长大，食性逐渐变得广泛，摄食能力增强，而稻田中杂草已很稀少，鱼会取食部分已失去功能的稻脚叶，从而改善了稻田通风透光条件，有利于水稻的抽穗灌浆。再次，稻田中养鱼还可以防治水稻病虫害。稻田养殖的鱼类可以摄食水稻上的一些害虫，减少病虫害的发生。据江苏省如皋县病虫测报站提供的材料，鱼类对三化螟、稻飞虱、纵卷叶虫和稻叶蝉等虫害有明显的防治效果。该县邓元农科所用养鱼与不养鱼的两块稻田相比较，每亩稻田三化螟三代卵块减少 30%，白穗率降低 50%，稻飞虱减少 50% 以上，纵卷叶虫百株束叶数减少 30%，白叶率降低 70%，稻叶蝉减少 30%。同时，由于虫害的减少及通风条件的改善，病害的发生率也有所降低。培育鱼种的稻田比不养鱼的稻田用药减少两次。最后，可增加肥源，稻田养鱼后，可以把许多外溢的物质和能量拦截下来，为水稻增产服务。水产品通过其摄食活动，排出大量粪便，促进稻禾的生长。同时，在生产过程中，为了提高稻田养鱼产量，除了利用稻田中的天然饵料、肥料以外，还需投入大量的青绿饲料，饼麸及人畜粪等，这也为水稻生长提供了大量肥源。此外，由于鱼类在稻田中游动觅食时，翻松泥土，增加氧的含量，促使土壤中有机物质分解为无机盐，被水稻吸收利用，养鱼稻田的土质也得到一定程度的改良。因此，稻田养鱼可从多方面促进水稻的生长，使水稻产量明显增加。

稻田养鱼降低种稻生产成本，大幅度增加稻田的产值与效益。稻田养鱼不仅增加了水产品和水稻增产的收入，还减少了治虫用药，追施肥料等支出，同时还节省了除草用工等。稻田养鱼可以灭蚊防病，改善农村环境卫生状况。稻田中常常孳生孑孓、螺类等，其中许多是吸人血或某些疾病的传播者。通过稻田养鱼，能大量消灭这些有害生物，对改善水田区环境卫生状况，保护人畜健康所起的作用也不可忽视。

总之，稻田养鱼投资少、收益大、方法简便易行，对于农渔业生产都具有重要意义。我国约有稻田2 446万公顷，占世界稻田面积的1/3以上，是世界上稻田面积最大的国家。其中在目前条件下可养鱼面积约1 000万公顷，但目前全国已开展养殖稻田面积仅占1/10，其进一步开发的潜力还十分巨大。

## 二、我国稻田养鱼的现状

### (一)历史沿革

我国是世界上稻田养殖最早的国家。距今约2 000年的东汉时期就有稻田养殖。早在1 700多年前的三国时代就有稻田养鱼记载，据北魏贾思勰的《魏武四时食制》的记载："郫县子鱼，黄鳞赤尾，出稻田，可以为酱。"虽然此处还不能证明稻田中的鱼是人工养的，但到了晚唐利用稻田养鱼的记载就很明确了。据晚唐刘恂的《岭表录异》中记载："新泷等州山田，拣荒平处，以锄锹开为町畽。伺春雨，丘中贮水，即先买鲩鱼子散于田内。一二年后，鱼儿长大，食草根并尽，既为熟田，又收鱼利。乃种稻，且无稗草，乃养民之上术也。"不仅讲了稻田的鱼是人工放养的，而且讲了稻田养鱼的作用和功能。此后，稻田养鱼进一步得到发展。明代万历年间（1573年）《顺德县志》记载："堑负廊之田为圃，名田基……圃中凿池养鱼，春则涸之插秧，大则数十亩。"民国时期进行稻田养鱼试验，据1935年报道，江苏省稻作试验场稻田养鱼试验取得成果，但长期连年战乱，且受自然经济条件的约束，稻田养鱼大多为零星的自给性田间副业。2005年5月16日，FAO将浙江省青田县方山乡龙现村的稻田养鱼列入"全球农业文化遗产（GIAHS）——传统稻鱼共生农业系统"，稻田养鱼成为首批五个世界农业遗产保护项目，这是对我国稻田养鱼具有悠久历史的一种肯定。

传统稻田养鱼多为平板田养鱼，即稻田不开沟、不挖凼，耙平插秧后，蓄满水放种养鱼。主要模式有稻底养鱼（单造稻田，插秧后，投放鱼种，养至秋收前抓鱼），浸冬浸夏田养鱼（冬季或夏季往稻田放水浸田时，投放草鱼、鲤等鱼种，养至春耕或秋收前收鱼），稻鱼轮作（早造种稻晚造养鱼或早造养鱼晚造种稻）。这些模式养鱼时间短、产量低，亩产成鱼4～5千克。因此，稻田养的鱼仅供内陆山区农民"自食"，逢年过节或者客人来访时抓鱼加菜，改善一下生活。

20世纪50年代，养鱼的稻田已出现鱼沟和鱼溜，但比例不到1％。养殖鱼种扩大为草鱼、鲤、鲢、鳙四大家鱼，且实行混养，由于水层加深，鱼苗的规格较大，放养量增多，亩产也提高到10千克以上。全国推广面积达1 000多万亩，水稻增产5％左右。

新中国成立后，1954年的全国水产工作会议正式提出在全国发展稻田养鱼的号召。1959年全国养鱼面积达到1 000万亩。但新中国成立后很长一段时间，大部分有稻田养鱼传统的地区的农民多延用"稻底养鱼"这类低产低效的养殖模式，主要是利用稻田水体饲养少量食用鱼，由于缺少科学的指导，技术水平低，产量不高，作用也不大，所以未引起重视。稻田养鱼发展缓慢，甚至停滞不前。

60至70年代，由于指导思想原因，以及化肥、农药使用与养鱼的矛盾，稻田养鱼面积严重萎缩，不足百万亩，但养殖方式却有不少发展，主要表现在耕作制度的改革和鱼类新品种的引进。

当时水稻多由单季改为双季，加上适合稻田养鱼的耐淹、抗倒伏水稻品种的育成和推广，出现了"两季连养法""稻田夏养法（早稻收割后养至晚稻插秧前）""稻田冬养法（冬季养鱼）"等多样的养殖方法。鱼沟、鱼溜的面积也扩大到3％～5％。

在养殖的鱼类上也有突破。由于引进了耐低氧、耐浑浊、食性杂、生长迅速、适于稻田生态环境的罗非鱼，稻田养鱼得到进一步发展，该鱼种至今仍是稻田养鱼的主要鱼种之一。此外，此期间山西省在冬季稻田中养殖鳟取得成功，华南地区开始在稻田混养鲮，东北地区也把日本白鲫等新鱼种引入稻田。

与此同时，稻田养鱼与池塘养鱼的配套技术应运而生。如倪达书等1974年开创了稻田养殖大规格草鱼鱼种，经两季养殖，使草鱼从3～7厘米长到15～20厘米。草鱼作为池塘养殖的大规格鱼种，为池塘养殖的高产创造了条件。此后，在稻田中为池塘养殖提供大规格鲤、鲫、鲢、鳊、青鱼等形式也相继出现。

80年代以来，随着农村改革的发展及农业科学技术的不断进步，农民商品经济意识日益增强，稻田养鱼出现了以产量高、个体大、商品性强、经济效益高为代表的新特点，全国各地涌现了许多新的技术和模式，主要表现在田间结构、养殖品种、养殖方式的改革。田间结构的改变。首先是鱼沟鱼坑的出现和变化。由于鱼的个体大小、产量与养殖水体呈正相关，加上稻田田间管理与鱼类生长的矛盾，在田间设置鱼沟鱼坑的技术应运而生。不少地区稻田鱼沟鱼坑的面积达10%左右。如福建省水产厅等推广的"坑塘式稻田养鱼"，沟坑面积达8%～12%，借此缓解养鱼与水稻"双抢"、施肥、喷施农药的矛盾，并且鼓励农民增加放鱼量，投入米糠、猪牛粪等饲料，从而提高鱼产量和商品率。平均亩产鱼77千克。另外，在水源充足的山区出现了"稻田小池流水养鱼"，以草鱼为主，亩产鱼100千克以上。

其次是垄稻沟鱼技术。20世纪80年代初，侯光炯等提出垄畦栽的水稻种植方式，由于这种方式不但可提高水稻产量，而且将稻田水体积提高20%～45%，因此立即被引入稻田养鱼体系，形成"垄稻沟鱼"的种养方式。

养殖品种的改良和更新。随着生物技术的发展，科研人员对适合于稻田养殖而生长速度不快的鲤进行改良，获得"三杂交鲤""荷元鲤"等杂交后代。如江西省推广的"三杂交鲤"，其生长速度比普通鲤快30%～50%，个体普遍达0.5千克的商品鱼水平，提高了稻田养鱼的产量和商品率。并且对罗非鱼也进行了杂交改良和超雄化培育。

另外，各地因地制宜，将原来只在池塘养殖的品种也引入稻田，在新技术新观念的发展下，使得稻田养殖业取得高产高效。这些品种包括：革胡子鲶、罗氏沼虾、日本沼虾、河蟹、牛蛙、甲鱼、泥鳅，甚至鸭子和食用菌等，使稻田养殖种类异常丰富。

稻田养殖的饲料供应日益引起重视。为提高养鱼的产量和商品率，天然饵料供应方式已不适应要求，由于以草食和杂食为主的养殖品种被更有经济价值的品种替代，不但出现人工投饵，而且配合饲料投入和精养技术不断涌现。也出现了以猪粪、牛粪培肥水质，田埂种草养鱼，人工配合饲料等方式。特别是由福建农科院红萍研究中心提出的"稻萍鱼体系"，它将传统的"稻田养鱼"和"稻田养萍"有机地结合起来，在同一块田地中解决了养鱼的饲料，并改插秧方式为"宽窄行、双龙出海"，不但有利于红萍生长，而且增加了透光率，使水稻生长的边际效应得以充分发挥，同时有利于水生生物和浮游生物的繁殖。这种养殖方式使鱼的商品率提高了70%，产量提高1倍以上。

这种同一块田地中解决饲料的方法，立即被广泛接受和重视，发展成"坑塘式稻萍鱼""垄畦栽稻萍鱼""水池流水萍鱼"等方式而在全国推广。

改革开放后，我国加大对稻田养鱼扶持力度，科技人员先后研发和推广

"垄稻沟鱼""垄稻凼鱼""垄稻沟（凼）鱼"和"大沟大凼养鱼"等稻田养鱼模式，建立一个稻鱼共生，相互依赖，相互促进的生态种养系统。同时，推广稻田养殖河蟹、日本沼虾、"禾花鲤"和多品种鱼类混养，提高产量与效益，稻田养鱼由"自养自食"转为商品性生产方式。在管理得法的情况下，可达到亩产千斤谷百斤鱼，高的亩产成鱼 100～150 千克，大大提高土地产出值。1981 年中国科学院水生生物研究所倪达书研究员提出了稻田养鱼、鱼养稻，稻鱼共生的理论，得到了原国家水产总局的重视。特别是 1983 年在四川省成都市召开了全国第一次稻田养鱼经验交流会以来，我国稻田养鱼迅速恢复并获得了长足的发展。

随着水产科技的进步，技术推广工作的加强以及农（渔）民在市场经济条件下的创新性生产实践，我国传统养鱼技术又有所发展和创新，稻田养鱼也相应地在基础理论和技术水平方面迈上了一个新的台阶。1983 年全国稻田养鱼面积为 661 万亩，产鱼 3.63 万吨，平均亩产达 5.5 千克。1984 年，农牧渔业部组织由四川省水产局牵头，由北京、河北、江苏、安徽、浙江、江西、福建、河南、湖南、广东、广西、陕西、四川、贵州、云南等 17 省（自治区、直辖市）承担的"稻田养鱼技术"推广项目。到 1989 年稻田养鱼面积发展到 1 330 万亩，其中养成鱼面积 1 062 万亩，产鱼 12.49 万吨，平均亩产 12 千克，在生产区域和养殖技术方面都发生了巨大变化。

为了总结经验，推动稻田养鱼持续发展，1990 年农业部又在重庆市召开了第二次全国稻田养鱼经验交流会，我国稻田养鱼得到迅速发展，把我国稻田养鱼生产推向了一个新的高度。至 1993 年，全国稻田养鱼面积发展到 1 475 万亩，其中养成鱼面积 1 198 万亩，生产成鱼 18.5 万吨，平均亩产 15.5 千克，生产鱼种 2.7 万吨，增产稻谷 45 万吨，共增加收入 18 亿元。1994 年农业部又召开了全国稻田养鱼（蟹）现场经验交流会议，在全国产生了轰动效应，各级领导把发展稻田养鱼作为"稳定米袋子，丰富菜篮子，充实皮夹子"的一项重要工作来抓，掀起了发展稻田养鱼的新高潮。稻田养鱼在新形势下也出现了许多新的特点，生产区域迅速扩大，稻田养鱼地域由 1983 年的 10 省（自治区、直辖市），扩展到现在基本上已普及全国；生产技术不断向广度和深度发展，稻田养殖工程设施方面有了许多新的进展，生产形式趋于多样化；稻田养鱼由自然经济向商品经济方向发展，过去稻田养鱼主要在丘陵山区，既分散，量又小，产品主要解决农民自食问题。现在从山区走向了平原，从丘陵走向城郊，面积大了，单产高了，产量多了，已由自给性生产进入商品化生产阶段。稻田养鱼不仅为市场提供了大量的鲜鱼，缓解了一些地区吃鱼难问题，而且为机械化、高密度养鱼生产和大水面放流工作提供了大量大规格优质鱼种。

进入 21 世纪后，随着人民生活水平的提高，对水稻和水产品的品质要求也越来越高，稻田养鱼也由单一品种养殖转为多品种养殖，生产方式也转变为一二三产业融合发展，稻田养鱼也由此发展到稻渔综合种养阶段。稻渔综合种养通过种养结合、生态循环，实现"一水多用、一田多收"，水稻种植与水产养殖协调绿色发展，既破解了国家"要粮"和农民"要钱"的矛盾，又解决了渔业"要空间"的问题，已成为农业领域呼声最高、底色最靓的新业态，更是推动产业转型升级，实现绿色高质量发展的一种新时尚。

2019 年，我国稻渔综合种养面积 3 476.23 万亩。湖北、湖南、四川、安徽、江苏、贵州、江西、云南等 8 省种养面积超 100 万亩，其中湖北 689.78 万亩、湖南 469.52 万亩、四川 469.15 万亩、安徽 407.84 万亩，4 省种养面积占全国种养总面积的 58.58%。安徽、湖北各省新增种养面积超 100 万亩，贵州、江西、河南、湖南、黑龙江、辽宁各省新增种养面积超 10 万亩。

2019 年，全国稻渔综合种养水产品产量 291.33 万吨，产量占淡水养殖水产品产量的 9.67%。湖北、四川、湖南、安徽、江苏、浙江、江西等 7 省种养水产品产量超 10 万吨，其中，湖北超 80 万吨，四川超 40 万吨，湖南、安徽、江苏 3 省均超 30 万吨，5 省种养水产品产量占全国种养水产品产量的 78.91%。安徽、湖北各省新增种养水产品产量超 10 万吨，湖南、江苏、江西、河南、贵州、四川、浙江各省新增种养水产品产量超 1 万吨。

2019 年，稻渔综合种养产业继续向高质量发展转型，稳粮作用发挥明显，规范化和标准化水平进一步提高，稻渔品牌不断涌现，规模化、产业化、区域化发展成为产业发展主攻方向，产业链进一步延伸，稻米和水产品加工业以及餐饮业、旅游业快速发展，产业功能不断拓展，"稻渔＋文化""稻渔＋旅游"等业态亮点纷呈，稻渔综合种养的融合发展水平和产业整体带动能力不断提升。

**（二）稻田养鱼典型**

浙江青田——浙江青田稻鱼共生系统，全球重要农业文化遗产保护试点项目。

青田县位于浙江省中南部，瓯江流域的中下游，县域总面积为 2 493 平方千米。全县共辖 31 个乡镇，总人口 48.7 万。青田县是中国有名的侨乡，有遍布世界 120 多个国家和地区的华侨 23 万多人。青田物产丰富，不仅拥有丰富的动植物资源，而且拥有石雕工艺品的珍贵原料青田石。最为奇特的是，这个面积不大、人口不多的小县 1 200 多年来一直保持着传统的农业生产方式——"稻田养鱼"，并不断发展出独具特色的稻渔文化，2005 年 6 月该系统被 FAO 列为首批全球重要农业文化遗产保护试点，成为中国第一个世界农业文化遗产。

浙江青田县稻田养鱼历史悠久，至今已有 1 200 多年的历史。清光绪《青田县志》曾记载："田鱼，有红、黑、驳数色，土人在稻田及圩池中养之。"金秋八月，家家"尝新饭"：一碗新饭，一盘田鱼，祭祀天地，庆贺丰收，祝愿年年有余（鱼）。

稻田养鱼产业是青田县农业主导产业，面积 8 万亩，标准化稻田养鱼基地 3.5 万亩，是青田县东部地区农民主要收入来源。种养模式生态高效，鱼为水稻除草、除虫、耘田松土，水稻为鱼提供小气候、饲料，减少化肥、农药、饲料的投入，鱼和水稻形成和谐共生系统。青田田鱼品种优良，肉质细嫩，鳞软可食，是观赏、鲜食、加工的优良彩鲤品种。悠久的田鱼养殖史还孕育了灿烂的田鱼文化，青田田鱼与青田民间艺术结合，派生出了一种独特的民间舞蹈——青田鱼灯舞。

"稻鱼共生"标准化养殖技术的推行仅仅是青田县落实农业文化遗产保护和发展的一项举措。近年来，青田县围绕标准化基地建设，加大稻渔产业的标准化研究力度，建立稻渔产业的标准体系，在生产和推广上大做文章，一方面强化政策扶持，专门出台"稻鱼共生产业发展三年行动计划"，重点扶持稻鱼共生生产设施建设、"稻鱼米"加工企业的升级改造等工作，积极推广"百斤鱼、千斤粮、万元钱"种养模式和再生稻技术；另一方面强化品牌建设，先后制定《青田田鱼地理标志证明商标管理办法》《青田田鱼生态原产地产品保护专用标志管理办法》，设计青田稻鱼共生系统统一的标识系统和 LOGO 标识，积极推动稻鱼共生产品品牌创建、维护和应用推广。

云南红河哈尼——红河哈尼梯田养鱼已有较长的历史，20 世纪 80 年代以前梯田养鱼方式多为平板式养殖，粗放粗养，单产低、效益差，真正得到全面发展应是从 1984 年农业部下达云南省开展"稻田养成鱼试验示范推广"项目后，通过连续多年的宣传、培训、示范和推广，梯田养鱼不仅面积扩大，产量增加，养殖方式也有了较大的改变，由原来的平板式梯田养鱼逐步向立体生态型发展，以沟凼式为主，即稻-鱼-鱼（冬水田养鱼）的模式。红河南部六个边疆县，由于种种原因至今仍十分贫困，困难群众数量较大，农业产业结构单一，农村经济增长乏力，农民增收困难。而稻田养鱼投资少、见效快、成本低，利用哈尼梯田常年保水的特性，加大梯田综合开发力度，大力发展梯田养鱼，实现"一田两用，四季养鱼"，对提高梯田综合效益，对解决南部农民吃鱼难和农民增收起到了十分明显的推动作用。

梯田养鱼将丰富的梯田资源和农村丰富的闲散劳动力资源有机结合在一起，引导农村闲置劳动力再分配，优化产业结构，促进农村劳动力的再就业。渔-稻模式生态渔业系统具有文化遗产价值，传承着农业经济形态下的物质文化、制度文化、行为文化和观念文化。稻田养鱼地区利用这些有趣意的文化知识，设计出具有生态性、趣味性和艺术性的稻田养鱼等自然或生态农业景观，不仅给"地方感"赋予价值，还为游客提供娱乐和生态旅游的场所。每年都有大量的摄影爱好者前往元阳哈尼梯田，去领略梯田与云海的壮观。元阳县正在按国家 5A 级景区标准，塑造"游梯田、看云海、观日出、跳乐作、品长街宴、住蘑菇房、捉梯田鱼"的旅游形象。哈尼族的梯田养鱼具有悠久的历史，并贯穿于社会生活的人生礼仪之中。

2013 年 6 月 22 日在第 37 届世界遗产大会上，红河哈尼梯田获准列入世界遗产名录，稻渔共作模式是哈尼梯田的主要种养模式，2017 年，哈尼梯田"稻渔共作"技术示范基地在红河县挂牌成立。基地围绕"稻渔共作"全产业链开展科技攻关，瞄准产业发展需求和建档立卡贫困户的脱贫目标，进一步推广和集成区域特色"稻渔共作"综合种养模式，为保护世界重要农业文化遗产、带动贫困人口精准脱贫注入了新动力。示范带动全县 26.46 万亩梯田水产养殖，帮助群众实现亩均增收 1 540 元。

**（三）发展稻田养鱼存在的问题**

**1. 规划与需求不同步，可持续性不稳定** 现阶段可持续发展、农业供给侧改革、乡村振兴及推进水产养殖业绿色发展对稻渔综合种养都提出了更高的要求，虽然在国家和部分地方政府的政策扶持下，稻田养鱼已被列入各级政府工作重点，但产业发展规划布局与产业快速发展需求之间依然没有达到同步，无法保证相关种植业和养殖业的可持续发展。过于简单、大范围的规划对实际生产无法提供指导帮助，适用性和操作性不强。特别是与其他产业的结合不够密切，例如旅游业、餐饮业、流通加工业等。

**2. 基础设施不完善，信息化程度低** 传统稻田养鱼到稻渔综合种养的转型，离不开田间配套设备的革新与标准化技术的建立。但这意味着更多的资金投入和更多的科研投入。目前对于稻渔共作模式主要还是集中于养鱼或虾的设施的完善，但对于其他品种，如蟹、鳖等的基础设施改进还欠缺。相较于其他产业的信息化与产业化相结合，在稻田养鱼方面国内更趋向于原始的种养殖结合，并未与计算机科学相结合，智能化设施少，网络化销售模式未普及。

**3. 基础理论研究效率低，创新性不足** 从全国情况看，各高校、科研单位对稻渔共作模式的研究在近几年得到重视，但还处于前期基础理论研究，水稻和鱼类种质资源的引进、丰富与筛选，病虫害的防治，技术规范的建立等方面依然欠缺，现阶段各省（直辖市、自治区）主要还是通过农户的经验进行种养殖。对于这样一种生态循环可持续模式，怎样将其有效、合理地利用，达到生态效益和经济效益的最大化，并最终实现稳定的可持续发展，最重要的是科学技术的支持和专业研究数据的完善。同样，因为基础理论研究不足和效率低等问题，导致创新性明显不足，新品种和新技术的研究还不够。

**4. 规模化组织化程度不高，农户积极性不高**　从全国情况看，大部分地区还是处于由传统稻田养鱼模式到稻渔共作模式的转型阶段，农户较为分散，不够集中，相较于其他养殖行业，各地方政府重视度不够，没有发挥组织和引领作用，导致农户对于新模式了解较少，相对积极性就不高，不利于区域品牌的打造和产品的销售。

**5. 缺少种养殖行业交叉人才**　稻田养鱼是一种将水稻种植与水产养殖相结合的互利共生模式，但水稻方面的研究者不了解水产专业知识，就导致研究问题片面，水产动物安全问题被忽视。水产方面的研究者也不了解水稻的种植技术，只注重水产动物的养殖而忽略了水稻的品质问题，稻渔共作是一种交叉行业，需要培养同时掌握水稻种植和水产养殖两种专业知识，并有经验的新型综合性人才，由其带领农户学习，实地讲解，从而从实质上提高一线人员的专业性。

**6. 体系化管理模式形成困难**　稻渔共作模式在不同地区、不同生态环境中需要不同的管理模式，对种养殖过程的任一阶段没有做到严格把控，农户遇到问题无法及时上报，将导致作物和水产动物病害无法第一时间得到控制，最终导致产量下降，农户积极性降低，食品安全受到威胁等问题。从品种选择、鱼苗投放、病害防治到最终的收获和销售阶段，没有形成完善的体系化管理机制，重结果、轻过程。

### （四）发展稻田养鱼的对策

稻田养鱼要得到前所未有的发展，必须把稻田养鱼与粮食生产放在同等重要的地位，把稻田养鱼作为发展粮食生产，增加农民收入，提高稻作区农民生活水平的战略措施来抓。

**1. 完善产业发展政策**　各级政府要把稻田综合种养作为发展内陆山区地区农村经济、实施乡村振兴战略的重要内容来抓。稻渔综合种养是一项系统工程，要完善产业发展政策，制定稻田综合种养发展规划，在人员、资金、政策等方面给予倾斜，推动稻田养鱼产业不断发展壮大。制定出台相关政策，加强稻田养鱼与农综、农田水利建设相结合，将其作为解决三农问题的一个系统工程来对待。因地制宜地出台有针对性的政策。

**2. 加强科技创新力度**　发展稻田养鱼产业，应强化科技支撑，切实提高稻田养鱼的科技水平。农业、科技部门要加强对稻田养鱼优良品种和水稻品种的引进和开发，加强养殖品种的选育力度，调整品种结构和养殖模式；开展稻田养鱼工作机理研究，探索养殖系统内物质和能量循环途径，开展稻区经济提升研究。在品种选择上既考虑经济效益，更应该考虑生态和社会效益。投入力量培养种养殖行业交叉人才，支持各地通过举办稻田综合种养培训班，组织科研院所的专家和技术人员下乡等方式，提高广大养殖从业者的技术水平。

**3. 完善各级管理机制**　因地制宜是种植业和养殖业都应遵循的原则，为促进稻田养鱼行业的持续健康推广与发展，应根据各地实际情况，开设稻田养鱼技术问题咨询热线、网站、线下办公区等，让每一位农户遇到问题都能快速得到解决，联合科研人员和有多年种养殖经验的农户，针对大概率问题制定解决方法手册，在实际生产中提高农户专业知识，提升问题解决效率，为每一位农户提供技术保障。同时可建立奖励机制，对产量最高、品质最优、环境最美等农户提供一定奖励，以调动农户积极性，加快推进各地精准扶贫进程。

**4. 加快稻田养鱼产业园区的建设步伐**　建设稻田养鱼产业园区，在园区内培育龙头企业，提升稻田养鱼综合竞争力。推进国家级、省级稻渔综合种养示范基地建设，开展连片示范，扩大示范带动效应。进一步加强对稻田鱼（虾）的生态环保、食品安全和民俗传统等方面特色的宣传，争取更大的市场空间和经济效益。推进稻田综合种养与休闲旅游结合，培育休闲渔业精品。同时鼓励企业进行名牌产品的开发，探索一二三产业融合发展机制，开展"互联网＋"等新型电子销售渠道的探索。

**5. 打造鱼米品牌，增加综合效益**　以市场为导向，稳粮增收为目标，加强稻田种养的生态理念，推动稻鱼"三品一标"、生态食材评定等认证工作，提高稻田种养优质大米的价值和综合生产效益。同时，支持和鼓励养殖户、合作社和企业创办集生产、休闲、消费和娱乐于一体的多形式多产业合作机制，如"农家乐""禾花鱼农场"等，延长产业链，探索长效发展机制。

实践证明：发展稻田养鱼是一件一举多得，利国利民的好事。当前，我国农村经济的发展，开始进入以调整产业结构，提高经济效益为主要特征的新阶段，大力发展农村稻田养鱼，对提高稻田综合经济效益，挖掘土地资源潜力，调动农民生产积极性有着重要意义。

## 三、稻田立体开发综合经营

稻田是由栽秧水面和田埂两大部分组成，具有立体开发的基本条件。早在东汉时期，我国就出现了稻田立体开发综合经营的雏形。1964—1965 年，考古工作者在陕西省汉中专区郊外，发掘一个东汉时期的墓群，先后出土了土陂池和陂池稻田模型各一具，池内塑有鲤 6 条，鳖 1 只，蛙 3 只，菱角 5 只。1977 年在四川省峨眉县，发现了东汉墓中石刻的水塘和水田模型：石刻分两部分，左面刻水塘，右部再中分为二，上部为水田，内有两农夫正在薅秧，下部亦为水田，内有两堆堆肥。左边石刻水塘中有青蛙、鲤、鸭、鲢、鲫等，水塘与水田之间的田埂上有矩形缺口及竹笼，有捕鱼的作用。

1978 年在中国陕西省勉县东汉墓中，也发现一件塘库农田模型，塘库与稻田为一体，梯田塑有螺蛳 2 只、蛙 3 只、鳖 3 只、草鱼 3 条、鲫 3 条。由此可以证明，早在1700多年前，中国陕西省的汉中、勉县、四川省的峨眉县等地已出现了稻田养鱼的生产形式，并已有立体开发利用的迹象。近年来，随着生态农业、立体农业等新技术的不断推广，稻田以种稻、养鱼为主体的综合开发利用问题，已经摆在农业科技工作者的面前。国内外对稻田立体开发利用有一些研究，但一般都比较分散、零碎，不利于系统地指导大规模地开发利用稻田这一宝贵的土地资源，因而有必要对稻田的立体开发进行比较深入系统地研究。

**（一）稻田立体开发的特点**

稻田这一人造生态环境，它不仅具有与旱地相同的一些特点，而且还有它自身独有的特点。它对水、土、光、热、气等的利用方式、利用率等与旱地相比有着较大的差异。如果认真细致地进行分析，积极主动地抓住稻田的各种有利因素，深入发掘，综合开发，对改变稻田的耕作制度，提高稻田经济效益，将有十分重要的意义。

**1. 稻田水面开发在空间上的优势**　稻田与旱地相比，其最大的特点就是人为地把固相（土壤）与液相（水体）二者紧密地结合起来。因此，它除了具有平面式旱地所有的种植功能外，还可以利用水体这一立体空间来进行综合养殖，如养殖鱼、虾、蟹、蛙、鳖、螺类、贝类等水生动物，以及浮萍和水葫芦等漂浮性水生植物，充分地发挥水体综合生产潜力。

正是由于稻田有着旱地无法比拟的空间优势，因而可以在同一生态环境中，通过人为措施，把诸多动物和植物种养殖方式有机地结合，能动地运用生物之间互利的方面，尽量转化矛盾的方面，达到互利共生的目的。稻田这一理想而优越的生态环境，是人们长期改造自然的成果，遗憾的是这种优越的空间优势，还未充分被人们所认识和利用，绝大多数的稻田，还停留在单一的种植功能上，因而其应有的生态效益、经济效益及社会效益还远没有得到发挥。

**2. 稻田水面开发在时间上的优势**　众所周知，旱地作物的耕作，受季节和气候的限制。如果品种选择不恰当，季节衔接不紧密，就无法保证旱地作物的稳产高产。而稻田生态系统则大不一样，它可以充分利用光热资源，在同一季节，同一时间，有选择地使人们所需的动植物在同一稻田空间内互利共生，各得其所，共求发展。稻田生态环境在时空上的独特优势，为人们深度开发稻田资源提供了有利条件。

**3. 静态与动态有机结合的优势**　稻田内既可种植高等水生植物，也可养殖水生经济动物和漂浮性水生植物。高等水生植物是静止不动的，而水生动物则可自由运动，漂浮性水生植物的状态则可随水流而发生变化。因此静态植物不能充分利用的养料，动态植物可以充分利用，植物不利用的生物资源或植物本身，又能被动态的水生动物所利用，能有效地避免能量的外溢和浪费。动态与静态生物有机结合，克服了固定空间所产生的对资源利用的局限，可以大大提高土地的利用率。

**4. 物质循环和能量流动速度上的优势**　由于稻田具有干湿两种环境，因而好氧细菌和厌氧细菌数量都很多，再加上水流作用和动物的运动，对稻田内有机物起到了搅拌作用，加速了有机质的矿化分解。稻田内的水体对热量的蓄积作用，使稻田较旱地昼夜的温差相对稳定，因而有机物分解的持续性更好，有利于稻田内物质的快速循环利用。稻田的立体利用通常表现为生产者与消费者在同一空间共存，因而能量流动也很快捷，通过人为干预，可有效地控制能量的流动方向，使能量朝有利于稻鱼双方的方向流动，使稻渔共生系统中的物质和能量进入良性循环。

**（二）稻田立体开发综合经营的科学依据**

稻田是极其典型的人工生态环境，要进行立体开发利用，变稻田单一的种植功能为种植养殖多项功能，其实质就是在稻田这一生态系统中，通过人工组合，使水生植物水生动物相互促进，有效地利用共生系统中的积极因素，促使物质就地循环，引导能量朝人类需要的方向流动。

**1. 稻田生态系统**　生物与环境密切相连，组成功能复杂的生物系统，即为生态系统。稻田就是一个小型的人工生态系统，主要由非生物因子和生物因子两部分组成，并通过能量流动和物质循环把二者连成一个统一的整体。

稻田的非生物因子包括：水、土壤、光、水温、pH、二氧化碳、溶解氧以及氮、磷、钾等无机盐类。

稻田生物种类有多种，但根据其取得营养和能量的方式以及在能量流动和物质循环中所发挥的作用，生物因子可划分为三大类：生产者、消费者和分解者。

生产者为自养型生物，主要是能进行光合作用的绿色植物。绿色植物通过光合作用合成有机物质，将太阳能转化为可储存的化学能，供给其他生物食物和能量，是环境中的基础生产者。稻田生态系统的生产者主要有高等水生植物、大型漂浮植物、藻类、光合细菌等。

消费者为异养型生物。指不能直接利用太阳能为其生命活动提供能量，必须以其他生物为食物的各种动物。稻田生态系统中的消费者种类和数量都比较多，主要有鱼类、禽类、甲壳类、爬行类、两栖类、浮游动物、底栖动物、摇蚊幼虫、水稻害虫及其天敌，还有鱼苗的敌害生物等。

分解者指异养型微生物。在稻田生态系统中处于分解者和还原者的位置，主要有各类细菌、真菌和放线菌等微生物。他们以动植物的排泄物和残体为食物，通过吸收和分解，使各类生物残骸分解为有机碎屑，供底栖动物和鱼类利用，参加次级生产。未被利用的有机碎屑，继续分解转化为简单的无机质，返还到环境中，再度供绿色植物利用，参加初级生产。

稻田生态系统中的生产者、消费者和分解者组成比较复杂，它们各自处在不同的环节，各具自己的机能，发挥不同的作用。但是，各成分间又不都是独立存在的，是互相联系，互相影响，互相依托的关系，通过复杂的营养关系结合为一个整体，使物质循环、能量转化正常地进行，使稻田生态系统处于协调的动平衡的理想状态。这种动态平衡可以在一定范围内进行有效的干预，保证生产正常进行。

**2. 稻田生态系统中的物质循环和能量流动** 稻田养鱼生产和其他许多生物生产一样，都是围绕着物质和能量的转化与循环来进行的。通过人工引入方式，在稻田生态系统中养鱼、虾、蟹、螺、蛙、畜禽等，种稻、藕、笋等，还在田埂及田边地上种植豆、菜、果树和桑树等。由于稻田生产力是有限的，因而要高产稳产，增加产出，就必须要先投入。向稻田中补充的外源物质，除了太阳能外，主要有饲料和肥料两大类。

以绿色植物为主的初级生产者，主要有水稻，它大量吸收太阳能、二氧化碳、水和各种无机营养成分，通过光合作用制造有机物，形成水稻种子和稻草，提供给人类。

在水稻大量合成直接供人们利用的有机物质的同时，稻田里的萍类、杂草、浮游植物和光合细菌也进行着与水稻等大体相似的能量转化过程，但它们并不直接为人类提供有益的产品，相反，它们还和水稻等争夺肥料、地面、空间和阳光，有些杂草还是水稻病虫害的中间宿主。但它们同样起着固定和储存太阳光能的作用，是稻田的初级生产者。

在稻田中引入特种水产品，特别是作为初级消费者的杂食性和草食性水产品，它们可以大量取食杂草，不仅将稻田中生长的杂草转化为人们需要的高蛋白食品，还解决了农民除草的烦恼，截住了能量的外溢。全国稻田杂草已知的有 100 余种，这些杂草绝大多数是草食性和杂食性水生动物喜食的饲料。据调查，稻作期间，每亩稻田杂草鲜重为 1 000 千克左右，冬水田一年杂草鲜重亩产为 2 000～3 500 千克。这些杂草如任其生长，将耗去氮素 5.06～17.7 千克，相当于尿素 5.4～19 千克，10%～30% 的稻种产量。

如稻田中放养的草食性水生动物除去 90% 的杂草，并且 70% 以上变为粪便还田，则每亩可保住相当于 8～12 千克尿素的氮素免遭流失。以每千克尿素增产 3～5 千克稻谷计，则每亩稻田就可增产稻谷 7%～12%，如杂草按 1：80 的饵料系数计算，每亩田一年还可产出 10～40 千克的水产品。所以，稻田养鱼后，可减少杂草与水稻争肥，使肥料有效地促进水稻增产。

稻田中大量的浮游植物和部分细菌也是初级生产者，其生物量到底有多大，还不十分清楚。据西南师范大学（1997）的调查表明，在 7 个月内，稻田浮游生物总生物量每亩至少在 360 千克以上。有机碎屑所含生物量也相当可观。它们可以直接或间接地转化为水产品蛋白质。因此稻田中引入滤食性水生动物，可大量滤食水中的浮游植物和有机碎屑，减少因排水而造成的能量浪费，有效地阻止稻田中物质和能量的外溢。

杂食性的水生动物有稻田"清洁工"的美称。鲤、鲫不仅摄食植物种子、嫩叶、草鱼吃剩的残饵，还摄食藻类、甲壳动物、水生昆虫、孑孓、摇蚊幼虫等，螺、蚬及部分水稻害虫也是鲤的好饵料。幼虾以取食浮游生物为主，成虾则以水生植物及鱼、贝类的尸体为食，也捕食底栖小型无脊椎动物。河蟹也是杂食性动物，但偏爱鱼、虾、螺、蚌、昆虫等动物性食物，尤其对腐臭的动物尸体特别感兴趣，有时也觅食谷物和其他水生及陆生植物。另外，螺、蚌能较好地利用有机碎屑、浮游生物等饵料。

由此可见，稻田引入杂食性水生动物，并适当搭养虾、蟹或螺、蚌，可以更高效地利用稻田里的各种残余物质，最大限度地做到物质就地循环，使能量少损失或不损失，这正是现代生态农业的要求所在。

另外，利用田边地种菜、青饲料、经济作物或经济林木等，既可以为种稻、养鱼、畜禽等提供物质基础，提高资源的利用率；又可以直接为人们提供丰富的食物，使稻田生态系统的物质循环和能量流动按人类的意志，创造出更多能直接为人类所利用的物质和能量，输入到社会经济系统中来。

### （三）稻田综合经营模式及经济效益

我国地域辽阔，温度、气候条件各异，因此稻田立体开发、综合经营的方式也各不相同。不同品种的经济动植物共同生活和利用同一个水体环境形成共生关系。任何生物共生结构原则有两条：一是能找到新的利用空间，开辟新的生态灶利用空间。二是品种之间有共生基础，饲料、肥料无矛盾，互相有利互相促进。稻渔共生体系就是遵循了这两条原则，较好地发挥了稻田的生态效益、经济效益和社会效益。

## 第二节　广东稻田养鱼的发展历史与概况

广东稻田养鱼历史悠久。唐代刘恂所著的《岭表录异》就有关于稻田养殖草鱼的历史记载。明代万历年间（1573 年）《顺德县志》记载"圃中凿池养鱼，春则涸之插秧大则数十亩，"是关于稻田养鱼的早期记载。

广东气候温暖，雨量充沛，土地肥沃，全省稻田面积 1 500 多万亩，大部分稻田水源充足，条件良好，发展稻田养鱼条件得天独厚，不少地区有稻田养鱼传统。

新中国成立前，广东稻田养鱼主要分布在韶关、肇庆、茂名、河源、清远、梅州等山区，为山区农民自养自食的养鱼方式。如信宜县 30 万亩稻田中有 12 万亩用于养鱼，乐昌原坪石区 60% 的稻田用于养鱼。

20 世纪 50 年代，土地改革分田到户，农民生产积极性高涨，各级政府十分重视并大力引导内陆山区农民继承和发扬稻田养鱼传统。"一五"期间，各地农民不断开拓与规范"养稻养鱼"（早稻插秧后放种，晚稻插秧前收鱼）和稻鱼轮作（早稻种稻晚稻养鱼或早鱼晚稻）等稻田养鱼模式与技术，发展稻田养鱼。1953—1957 年，全省稻田养殖面积曾达 60 万亩（约占全国的 6%），成鱼年产量 4 000～6 000 吨，平均亩产 5～10 千克。

在"大跃进"和"文化大革命"期间，各级农（渔）业主管部门瘫痪、生产处于无政府状态，更重要的是水稻推广小株密植，浅水勤排，定期晒田，喷施农药，使用化肥。由于无法解决农药使用、定期晒田与稻田养鱼的矛盾，稻田养鱼受到排斥。原有养鱼设施被损毁（田埂不能加高加固、排灌设施不能修复），内涝外洪为患屡见不鲜，稻田养鱼难于开展，日渐式微。但由于当时广东省海（淡）水养殖规模小、产量低，水产品统购统销，凭票购鱼，城乡群众食鱼难。为此，当时有一些地方农民群众"自养自食"，将稻田养鱼作为解决食鱼难问题的重要手段。据广东省水产研究所的《广东省稻田养鱼调查报告》显示，1971 年东莞县稻田养鱼面积 11 454 亩，亩产 17.5 千克；博罗县稻田养鱼面积 3 500 亩，亩产 7.0 千克；增城县稻田养鱼试养面积 119 亩，亩产 14.0 千克。然而，受当时政治形势大气候影响，稻田养鱼始终不能发展壮大。全省稻田养鱼面积年年减少，1978 年全省稻田养鱼面积 13 871 亩，仅为 1957 年的 1/43。

改革开放以来，政府鼓励广大农民继承和发扬中华民族传统的农耕文化，将稻田养鱼作为振兴农村经济的重要种养产业项目来抓，作为带动内陆山区群众脱贫致富的重要举措落至实处。1983 年 10 月，原广东省水产厅在韶关乐昌坪石区召开全省稻田养鱼工作会议，传达贯彻全国稻田养鱼工作会议精神，研究分析广东稻田养鱼现状和存在问题，确定今后发展稻田养鱼规划和扶持措施。从 1983 年起，农业部每年拨 10 万元，省水产厅每年拨 20 万～30 万元，作为稻田养鱼示范推广经费，扶持农民购买鱼种和饲料，推动稻田养鱼发展。1987 年 2 月，原省农业厅和省水产厅联合召开全省稻田养鱼生产座谈会，要求各级农业、水产部门将稻田养鱼作为提高农田综合经济效益来抓，相互密切配合，制定规划，做好技术指导与服务工作，推动稻田养鱼蓬勃发展：一是规范"稻鱼轮作"或"稻鱼兼作"种养技术，推广"垄稻沟鱼""浸冬浸夏"种养模式。二是增加放养品种，实行草鱼、鲢、鳙、鲮、鲤、鲫、罗非鱼、胡子鲶多品种混养。三是协调各地鱼苗场生产供应大规格优质鱼种。1988 年全省稻田养鱼面积 38.9 万亩，产量 8 597 吨，平均亩产 22.1 千克，创历史最高记录。

1989 年后，全省稻田养鱼一度滑坡，到 1994 年全省稻田养鱼面积仅 10.17 万亩，产量 5 512 吨。同年，省农业、渔业主管部门贯彻《关于加快发展稻田养鱼，促进粮食稳定增产和农民增收的意见》，明确指出稻田养鱼是良性生态循环种养模式，要求各地加强对稻田养鱼的指导，加快稻田养鱼发展，稻田养鱼迎来良好的发展机遇。1995 年全省稻田养鱼面积 353 670 亩，产量 9 832 吨；1996 年达 538 275 亩，产量 16 794 吨。1997 年 3 月，省农业、渔业主管部门联合在番禺召开全省稻田养鱼工作座谈会，参观番禺石碁镇"大沟大凼"式稻田养鱼现场，表彰了稻田养鱼先进单位，推广珠江三角洲河口地区海围连片低洼稻田区的"垄稻沟鱼""沟稻凼鱼""大沟大凼养鱼"等稻田养鱼模式和稻田养虾技术，推进稻田养鱼发展。当年，全省稻田养鱼面积 55.9 万亩，产量 1.83 万吨，平均亩产 32.7 千克。1999—2000 年受旱灾影响，稻田养鱼面积略为减少，但产量稍有增加，2000 年全省稻田养鱼面积 51.3 万亩，产量 2.14 万吨，产值 1 亿多元。

进入 21 世纪，全省稻田养鱼面积逐渐萎缩。究其原因主要有：一是劳动力不足。农村青壮年劳动力绝大部分向城镇转移，"入厂从工"或"进城经商"，留下来的多为老幼病残，无力维持稻田养鱼工作。二是收入少。稻田养鱼产量、效益与增加值较低，年亩增收在 1 000～1 500 元，而一般青壮年劳动力到城镇"打工"，一个月收入至少有 2 000 元。因此，青壮年农民不愿留在农村种稻养鱼。三是农田基础设施残旧。排灌设施较差，田基（埂）长期失修，低矮、渗漏、不坚固，洪涝来袭，内涝过基，鱼跑禾苗死，颗粒无收。四是品种单一。广东稻田养殖品种多为草鱼、鲢、鳙、鲮、鲤、鲫、罗非鱼、胡子鲶等，年亩增值 1 000 元左右，江浙一带稻田养河蟹、日本沼虾年亩增值 2 000～3 000 元。五是稻田养鱼与种稻的喷施农药、晒田之间的矛盾难于协调。2010 年，全省稻田养鱼面积 8.29 万亩，产量 3 178 吨，分别为 2000 年的 1/6 和 1/7，广东省重要稻田养鱼基地乐昌县 2000 年稻田养鱼面积 21 500 亩，到 2010 年仅 14 250 亩，减少了近三成。六是广东池塘养殖发达。以珠江三角洲为代表的池塘高产养殖模式提供了大量、充足的水产品，稻田养殖水产品未能引起足够重视。

2010 年后，省渔业主管部门扶持连南瑶族自治县推广稻田养"禾花鲤"，动员农民开发梯田，建设稻田养鱼基础设施，在中国水产科学研究院珠江水产研究所的技术支撑下，示范推广养殖"禾花鲤"，扩大稻田养鱼规模，提高养鱼效益，推动稻田养鱼发展；此外，积极引进鲫、泥鳅、小龙虾、田螺等，丰富养殖苗种，调整养殖结构。同时，将稻田养鱼与旅游结合。自 2014 年以来，该县连续举办"稻田鱼文化节",并在 2017 年获授"国家级示范性渔业文化节庆（会展）"称号。据连南瑶族自治县相关部门统计，至 2018 年底，全县推广发展稻田养鱼面积达近万亩，其中建设稻渔标准化工程的有 0.3 万亩，稻田鱼产量达 190 吨，产值 1 140 万元；有机稻产量 2 205 吨，产值 882 万元。平均每亩稻田养鱼比单纯种植稻谷增加产值 1 800 元。模式化工程参与农户数达到 3 300 多户，辐射带动农户近 2 万户。此外，连南县还成立有机稻种植专业合作社 3 家，稻田养鱼专业合作社 4 家，以生产有机稻和稻田鱼为主的家庭农场 6 家，经营面积达 800 亩，参与农户 150 户，辐射带动附近农户 1 000 多户，经营面积 3 000 多亩。连南县稻田鱼养殖规模的扩大离不开"稻田鱼文化节"的推动，这种"旅游＋农业"的模式使二者实现共赢。据连南县旅游部门统计，连南县举办"稻田鱼文化节"的 5 年来，旅游收入取得了极大增长，效益十分显著。特别是 2018 年，借助广东三大会场之一"中国农民丰收节"与"稻田鱼文化节"结合，全县旅游人次 240.45 万，旅游综合收入 9.25 亿元，取得了显著的经济和社会效益。

2014 年开始，在乳源瑶族自治县农业部门及中国水产科学研究院珠江水产研究所支持下，乳源县大桥镇中冲村系统地开展标准化禾花鱼养殖技术示范推广工作，逐步探索出稻渔综合种养的效益点。2018 年 1 月，中冲村获得本省首个也是目前唯一一个"国家级稻渔综合种养示范区"称号。2017 年和 2018 年，乳源县连续举办了两届"禾花鱼美食文化节"。活动吸引了众多游客前来，古道禾花鱼、稻米、花生、木耳、番薯等土特产倍受游客喜爱。仅 2017 年 9 月 2 日当天，文化节活动为中冲村、核桃山村及周边村庄创收近百万元，"禾花鱼节"的直播视频网上点击数已超过 6 万次，社会关注度非常高。与此同时，珠江水产研究所发挥产学研优势，继续加强与示范区的协作，不断加大科研投入，对禾花鲤"石鲤"进行提纯复壮，目前已选育到第六代，生长速度比原来快 4 倍，2021 年"石鲤 1 号"通过全国原良种委员会审定。对整个乳源县而言，大桥石鲤已经成为颇具特色的农产品，但是如何利用这些优势产品，发展乡村经济，也是农业品牌战略和乡村振兴战略的重要内容。据了解，当前为了促进农业发展转型升级，乳源县申报的"大桥石鲤"农产品地理标志产品已经获批，为下一步充分发挥特色农产品优势，促进农业品牌建设，提升农产品市场竞争力，为推动乡村振兴战略实施奠定了良好的基础。

2021 年中央 1 号文件明确"三农"工作重心的历史性转移，这明确了我国进入了全面推进乡村振兴的新发展阶段。乡村振兴关键是产业振兴。传统的稻田养殖鲤模式由于价格相对较低，开发筛选价值更高的水产品摆在了广大水产科技工作者和从业者的面前，中国水产科学院研究院珠江水产研究所与中山市龙之泉农业科技发展有限公司紧密合作，在中山、汕尾、潮州、湛江等地开展稻田养殖澳洲淡水小龙虾这一新品种，初步养殖结果显示：放养密度为1 500只/亩，规格为（1.56±0.23）克的澳洲淡水龙虾，经过近4个月的养殖，平均个体达到（69.10±14.63）克，初步推算成活率约为80%，亩产量约为82千克。按照近3年澳洲淡水龙虾市场价格110元/千克，虾的亩产值约9 000元；再加上水稻产值（按照每亩500千克计算，水稻2.5元/千克）约1 250元；两者加起来总产值超过10 000元。真正实现了"百斤虾、千斤稻、万元钱"的良好效果。稻虾共生模式符合国家提倡的"生态文明建设"，显示了良好的经济和生态效益，提升了养殖水产品的品质，值得大力推广。

稻渔综合种养模式因其产业链长，价值链高，具有带动一二三产业融合发展的巨大潜能。2018—2019年，省农业农村厅连续两年将稻渔综合种养技术作为主推渔业新技术之一。如今，在粤北韶关、清远等地，稻田鱼价格飞涨，农民获益颇丰。"连南稻田鱼文化节"更成为当地"特色农业休闲旅游"品牌，有力地带动当地经济社会发展。

受其辐射带动，位于粤东北地区的梅州、河源等地也逐步建立了部分稻田综合种养基地。汕尾、惠州、潮州、江门、湛江也在开展稻渔综合种养，品种由鲤到澳洲淡水龙虾、河蟹、胡子鲶、泥鳅、甲鱼、牛蛙等品种。目前全省稻渔综合种养模式主要以稻鱼共作、稻虾共作为主。全省已建成国家级稻渔综合种养示范基地1个，打造国家级示范性渔业文化节庆1个，注册稻鱼品牌4个，其中获得有机认证1个，无公害产品认证1个（表1-1）。

**表1-1 广东省主要年份稻田养鱼情况表**

| 年份 | 面积（万亩） | 产量（吨） | 亩产（千克） | 年份 | 面积（万亩） | 产量（吨） | 亩产（千克） |
|---|---|---|---|---|---|---|---|
| 1957 | 58.98 | 566.01 | 9.6 | 1995 | 35.37 | 9 832 | 27.7 |
| 1971 | 5.28 | 225.62 | 14.9 | 1998 | 54.23 | 20 225 | 37.3 |
| 1983 | 5.95 | 690.61 | 11.6 | 2000 | 51.32 | 21 400 | 41.7 |
| 1985 | 12.13 | 2 361.08 | 19.5 | 2008 | 8.12 | 3 647 | 44.9 |
| 1987 | 32.04 | 6 038.22 | 18.8 | 2010 | 8.29 | 3 178 | 38.3 |
| 1994 | 10.17 | 5 512.31 | 54.2 | 2016 | 5.20 | 2 349 | 45.2 |

# 第三节 国外稻田养鱼发展

从20世纪初开始，印度、马达加斯加、苏联、匈牙利、保加利亚、美国及一些亚洲国家都进行了稻田养鱼，其中以印度尼西亚、马来西亚、菲律宾和印度较为盛行。至 20 世纪中期，全球六大洲的稻作区共 28 个国家都有了稻田水产养殖生产方式的分布。目前，在埃及、印度、印度尼西亚、泰国、越南、菲律宾、孟加拉国、马来西亚、日本和其他国家都有稻田养鱼模式分布。稻田水产养殖生产方式与当地的文化、经济和生态环境相结合，在保护当地生物资源多样性和维持农业可持续发展方面起着重要的作用。

在国外，稻渔共作生产主要以稻田养鱼为主，开展的国家和地区也很广泛。印度—太平洋地区是世界上稻田养鱼最发达的地区，约有 13.6 万公顷，稻田养鱼较发达的国家还有日本、印度尼西亚、泰国、越南、马来西亚、菲律宾、印度、韩国和朝鲜等，已有百余年的历史。日本的稻田养鱼始于 19 世纪，在 20 世纪 40 年代全国就达 90 万亩稻田养鱼，但近 20 年来，由于稻田大量施用农药和强化农业的影响，稻田养鱼的面积逐年减少。马来西亚半岛西部历来有稻田养鱼的传统，其采用的是一种叫稻田灌水纳苗的养殖方法，稻田基本不放养鱼种，依靠灌水时，让野生鱼类自然游进稻田并在其中生长繁殖。泰国和越南的稻田养鱼分布较广，根据各地的实际情况而具有不同的类型，稻田养鱼也是泰国近年来生态农业研究的主要内容之一。在菲律宾，利用低洼稻区进行稻田养鱼十分普遍，与我国南方的稻田养鱼类似。

在欧洲，主要有俄罗斯、乌克兰、乌兹别克斯坦、意大利、匈牙利和保加利亚等国。苏联于 1932 年首次在乌克兰南部的稻田进行放养 1 龄的当地野鲤和家鲤的养殖试验。意大利的稻田养鱼在 19 世纪末才开始发展起来，是欧洲最早开展稻田养鱼的国家之一，但由于存在一系列的技术问题，稻田养鱼生产逐渐衰落。匈牙利和保加利亚两国 20 世纪 60 年代末才开始试验稻田养鱼，稻田主养鲤鱼种。

美洲的稻田养鱼主要在美国、中美洲和南美洲等国家和地区开展。中美洲和南美洲地区稻田养鱼发展较慢，主要有海地、巴西和阿根廷等国家。美国 1950 年才开始稻田养鱼，养鱼时间较长，面积也较大，多进行机械化生产。

在非洲大陆也有稻田养鱼。其中马达加斯加的稻田养鱼已有上百年的历史，而其他非洲中南部的国家如刚果、赞比亚及津巴布韦等国稻田养鱼历史则较短，大部分在 1950 年后开始养殖罗非鱼。此外在非洲有些国家已开始应用生物防治学原理，如用黑胸蚌和非洲鲫在稻田中除草和清除血吸虫中间宿主的螺类。

总之，在国外，主要都是根据稻田的水源条件，以培育鱼种或作为产卵池为主，但所有的稻田养鱼类型养殖周期都比较短，一般只有几个星期，有些主要是用鱼来除草，养殖商品鱼的较少。

# 第四节　稻田养鱼的历史贡献与现实意义

稻田养鱼即在种植水稻的禾田里养殖鱼类，利用鱼稻共生原理，实现"一地两用、一水双收"的生态种养模式，具有投入少、风险小、易推广、见效快、涉及面广等特点。通俗地讲，稻田养鱼就是人为地营造一个"鱼稻共生、共长、同产出"的综合种养生态良性循环体系，将水稻种植业和水产养殖业结合起来，把两个生产场所重叠在一起，发挥水稻和鱼类共生互利的作用，取得"稻鱼双丰收"，对提高土地产出量和产出值，保证粮食产出安全与供给安全，促进农民增收，振兴农业经济具有重大的意义。渔谚"秋风起，稻谷香，鲤鱼肥"，就是赞美稻田养鱼的好处。

目前，稻田养鱼成为一种合理利用农业土地资源、水资源、农业种质资源等生物资源和非生物资源的节约型生态农业模式。发展稻田养鱼可推动农业、水、土资源的合理利用，改善农业生态系统。

## 一、稻田养鱼的贡献与作用

### （一）促进水稻增产

稻田系统中所养的鱼、虾有"除虫""除草""耙田""施肥"等功能。一是除虫。在稻田里养殖的鱼虾觅食时，可吞食掉螟虫、稻螟虫、食根金花虫等水稻的害虫成虫或虫卵；稻飞虱、浮尘子等为害稻叶的害虫，堕入水中，也成为鱼类的美餐。养鱼稻田禾苗很少虫害。二是除草。稻田里的鱼吃掉田中的杂草、稗草的草芽、草籽及眼子菜、浮萍等水生植物；养草鱼、鲤、鲫的稻田，特别是冬闲田养鱼的稻田，没有杂草、稗草，不用除草，可减少稻田除草工夫。三是保肥。鱼类摄食田中的浮游生物、底栖动物等，使浮游生物不致随水流失，吃掉水生昆虫虫卵，切断其成长途径，不能羽化飞走，达到为稻田保肥的目的。四是增肥。鱼类粪便及其他排泄物直接起"肥田"的作用。据测定鱼类排泄物肥分指标表明：鲢、鲤、草鱼、鲫四种鱼类粪便中氮、磷含量仅次于鸡、兔粪，与人、羊粪基本相似，而优于猪、牛粪。五是松土。鱼类在稻田中来回游动觅食，翻动泥土，使田土疏松，促进肥料分解，也促进稻谷的分蘖和根系发育。各地经验表明，发展稻田养鱼不仅不会影响水稻产量，还会促进水稻增产。养鱼的稻田一般可增加水稻产量5%～10%，较高的增产15%～27%。

### （二）增加养鱼途径

稻田养鱼是一种内涵扩大再生产，是对国土资源的再利用，不需额外占用耕地就可以生产水产品。发展稻田养鱼，既不需要占用现有的养殖水面，也不需要占地挖池。利用稻田养殖成鱼或其他水产品，不仅可以解决农民"吃鱼难"的问题，还可以就近销售、繁荣市场、活跃农村经济，增加农民收入，变自然优势为商品优势和经济优势。

就一般水平而言，在稻田内进行水产品养殖，若养一般商品鱼类亩产可达30～50千克，增加产值1 200～1 400元，纯收入也可增加1 000元以上；若养殖淡水虾类或其他名贵鱼类，一般可达亩产20千克以上，增加产值1 500元，亩增纯收入1 200元以上；若养甲鱼，可亩产20千克以上，亩增产值达4 000元以上，亩增纯收入达2 000元以上；若养河蟹，一般可亩产40～50千克，增加产值4 000～5 000元，纯收入增加4 000元以上。

### （三）提高资源利用率

稻田内开展水产品的养殖需要配套一定的工程设施，比如开沟挖凼等，从而变稻田的平面生产为立体利用。通过稻田养鱼，水稻产量一般都相应有所增加。而且还可以生产出人们生活需要的高蛋白水产品，提高了土地资源的利用率。实践证明，发展稻田养鱼提高土地利用率和产出值。通常"垄稻沟（凼）鱼"模式，年亩产成鱼30～80千克，年增产稻谷40～50千克，年亩增加种养产值1 800～2 300元。

### （四）改善环境卫生

稻田中常常孳生大量孑孓、螺类等，其中许多是吸人血或某些疾病的传播者。稻田养鱼，能大量消灭这些有害生物。据浙江省卫生实验院对双季间作稻田的监测，养鱼稻田比未养鱼稻田中的库蚊减少95.5%～99.5%，按蚊减少72.2%～88.9%。另外，河蟹、中华鳖可大量摄食螺类。因此，稻田养殖名特水产品对改善水田区环境卫生状况，保护人畜健康所起的作用也不可忽视。

### （五）改善生态环境

养鱼稻田与未养鱼对照田相比，化肥使用量减少40%以上，农药使用量减少60%以上。在鱼收捕后，经检测，养鱼稻田的土壤有机质含量达30.43克/千克，比对照田（27.06克/千克）高出12.4%。可见，稻田养鱼对增强土地肥力、改善农田生态环境具有很好的促进作用；同时，稻米品质和质量安全水平也得到提高。

另外，建设稻田养鱼基础设施，抬高田埂和田面，疏通农田灌溉系统，可以防洪抗旱，在保障粮食生产安全的同时，改善了局部地区的生态环境。

## 二、稻田养鱼的现实意义

稻田养鱼兼有循环农业和生态农业的特点，是一种将水稻种植和水产养殖有机结合在同一农田中进行的立体循环的生态农业。稻田养鱼的效益主要体现在经济、生态和社会价值三个方面。

### （一）经济效益

实现稻田养鱼共生模式可在一定程度上增加农民收入。一是实行稻田养鱼可增加稻谷产量，调研结果表明，产量一般可增加 5％～15％。二是在稻田养鱼过程中基本不需要喷洒农药与施肥，节省部分生产成本。三是在不增加投资或很少投资（仅有少量的鱼苗款）的情况下，增加了水产品的收入。四是稻田养鱼可提升水稻的品质，因此其价格也比普通水稻的价格略为上升。调查表明稻田养鱼生产的稻谷价格与普通稻谷相比增加了 10％～30％。表 1－2 列出了普通稻农与进行稻鱼共生的稻农经济效益比较。

表 1－2　常规种植与稻鱼共生收支对比表（元/公顷）

| 生产模式 | 收入 | | | 支出 | | | | | 净收入 |
| --- | --- | --- | --- | --- | --- | --- | --- | --- | --- |
| | 稻 | 鱼 | 小计 | 种子 | 鱼苗 | 化肥农药 | 饲料 | 小计 | |
| 常规种植 | 24 000 | 0 | 24 000 | 1 500 | 0 | 8 250 | 0 | 9 750 | 14 250 |
| 稻鱼共生 | 31 680 | 27 000 | 58 680 | 1 200 | 7 500 | 0 | 0 | 8 700 | 49 980 |

注：常规种植稻米均产量 6 000 千克/公顷，稻谷均售价 4 元/千克；稻田养鱼中鱼均产量 270 千克/公顷，鱼均售价 100 元/千克。

由于人们的饮食观念日渐趋于健康、营养，对食品的安全问题很重视，因此，对纯天然无污染的绿色食品的需求也越来越大，人们逐渐讲究在饮食上不仅要吃饱，更要吃好，就使得安全农产品在市场中越来越受青睐，受欢迎程度日益提高。稻田养鱼的发展正好满足并适应了这一市场需求，完全利用自身生态系统内部循环，在不施化肥、农药等辅助剂的条件下，利用生态自循环，完美地达到了生态无污染绿色安全食品的要求。由于人们对健康饮食的需求越来越大，在安全绿色食品的价位上就不可避免地会比寻常产品高，但仍然会有很多人争相购买，从而使得农民的经济收入得到很大提高。

从表 1－2 可以看出稻田养鱼是一种能显著提高综合经济效益的生产方式，可以最大限度地利用当地的自然资源，挖掘出当地潜在的生产力，达到粮食增产、收入增加的效果；同时，稻田养鱼是一项投资较少、周期较短、操作简便的生态农业方式，是一条广大农村致富的快速生产门路。

### （二）生态效益

稻田养鱼具有灭虫、除草、中耕、促进水稻生长和提供养料等有机作用。如通过养殖鱼类摄食稻田中的杂草、枯枝落叶、水体中的昆虫和虫卵等各种田间"废物"，可以满足自身的营养需要，促进自身生长；同时，鱼类的排泄物对于水稻是一种天然的肥料，而且鱼类在进食过程中，可以提高稻田中水的温度和溶氧量等，这样不仅可以提高土壤肥力，促进水稻生长，还可以大幅度减少农药化肥的使用，有效地保护了当地的环境。通过建立稻—渔共生生态循环系统，提高了稻田中能量和物质循环再利用的效率，减少了病虫草害的发生和农业面源污染，改善了农村生态环境和卫生环境，从而提高了稻田可持续的利用水平。据统计，稻田综合种养的水田，化肥、农药使用平均减少 50% 以上，促进了水产业绿色发展。

此外，发展稻田养鱼的地区，多是水资源比较丰富的地区，生态恢复能力比较强，稻田养鱼不仅可以在一定程度上防止水土流失，还可以起到为生物增肥的作用，使水土资源得到充分有效的利用，并在一定程度上缓解人均土地资源不足的情况，使生态环境得到良好保护。此外，发展稻田养鱼可以极大促进水稻对养分的吸收，还能够提高水稻的生物产能，使得水稻作物稻穗长、颗粒饱满，实现水稻增值的目标。对城乡居民来说，发展稻田养鱼，可以为其提供安全有保障的纯天然无污染的绿色农产品，完全可以放心大胆食用，不仅为保护生物多样性创造了良好条件，还使生态效益得到了显著改善和提高。

### （三）社会效益

稻田养鱼是中国传统的立体循环农业模式，稻渔共生系统能有效利用当地土地资源，改善和提高人们膳食结构；同时，农药、化肥的使用减少，促进了有机稻、有机鱼的生产，提升了产品质量和价格，增加农民经济收入，促进山区脱贫致富。如韶关市的禾花鱼为每千克 60～100 元，稻米价格为每千克 6～20 元，稻米价格提高了 1～5 倍，每亩稻米产值可达 4 800 元，禾花鱼亩产值 2 500 元，稻田亩产值为 7 300 元，亩均利润达 3 000 元以上。稻田养殖的高效益，吸引了很多外出务工人员回乡从事农业生产，有助于稳定粮食供应，保障粮食安全供给。

随着现代化农业的深入发展，整个农业产业链也得到了深化。稻田养鱼就其实际意义来说，实现了经济效益的提高，节约了成本，同时还可以从其观光方面来挖掘，开拓出稻田养鱼的乡间赏景意义。对很多常年生活在大都市的人们而言，习惯了城市生活的喧嚣和浮沉，偶尔利用闲暇时光到乡间去散步观景，欣赏稻田苗壮生长、水间游鱼嬉戏的一派休闲风景，能够极大地愉悦人们的身心。

# 第二章

# 稻渔综合技术

稻田综合种养系统是充分利用稻田的生态条件，通过人为地创造稻鱼共生的良好生态环境，发挥稻鱼各自的增产潜力而建立的人工生态系统。稻田综合种养系统能够节约土地和水资源，提高饲料和肥料的使用效果，通过水稻与水产动物的互利共生关系，达到既有利于田鱼的生长，又能满足水稻营养需求的效果，同时还能提升种养产品的品质，能够产生良好的生态效益、经济效益和社会效益，真正实现"一地两用""一水两用"的效果，在保障粮食安全生产的同时，还可以获得水产品。

## 第一节 田间工程

### 一、稻田选择与要求

#### （一）水源要求

养殖水生动物的首要条件是优质的水源，选择稻田养殖场地要求生态环境良好，水质清新无污染，周围无工业"三废"及城镇生活垃圾、医疗废弃物等污染源，经检测各项指标符合《无公害食品 淡水养殖产地环境条件》（NY 5361—2010）标准。取水方便，水量要满足养殖需求。

水源水质清澈，无污染，水量充足，有独立的排灌渠道，排灌方便，大水不淹、久旱不涸，田埂设有进、排水口，并能确保稻田水质、水位能够得到及时控制。

凡是水源充足，水质良好、保水能力较强、排灌方便、天旱不干、山洪不冲的田块都可以养鱼，特别是山区，必须选择那些既有水源保证，阳光充足，又不被洪水冲的稻田才能做到有养有收。沙底田不宜采用"田凼"方式，潜育化稻田、冷浸田，可进行"垄稻沟鱼"养殖。

#### （二）稻田土质要求

养殖稻田要求地势平坦，用水通过动力提水，排水可在低位自动流出，崎岖不平的丘陵和山区，需处理因地势差而导致的渗漏问题。土质要肥沃，以黏性土壤为最佳，矿质土壤、盐碱土和沙土容易渗水、漏水。面积原则上不限，每块面积5～10亩，最好集中连片，便于水产品销售、品牌创建和形成产业化。

养鱼稻田应选择土质较肥沃，保水力强，pH中性和微碱的壤土、黏土的集中连片田块为好，尤其以高度熟化，高肥力，灌水后能起浆，干涸后不板结的稻田为好。稻田最好有机质丰富，稻田底栖生物群落丰富，能为鱼类提供丰富多样的饵料生物。

（三）光照条件要求

光照充足，地势向阳。因为稻谷的生长需要良好的光照条件进行光合作用，鱼类生长也需要良好的光照，因此养鱼的稻田一定要有良好的光照条件。不过在我国南方地区，夏季十分炎热，稻田水位又浅，午后烈日下的稻田水温常常可达40～45℃，这会对鱼类的生长产生一定的危害，因此在这些地区需要采取一些避免措施，如开挖鱼沟、鱼坑等。

## 二、开挖鱼沟、鱼窝以及鱼凼

**1. 鱼沟** 是稻田中增加有效水体和养殖动物活动空间的重要设施，一般距田埂四周2～3米处挖成上口宽5～6米、底宽3～4米、深1～1.2米的环沟，小的田块另开挖"十"字形、大的田块可开成"目"字形或"井"字形的田间沟，一般每隔20米开一条横沟，每25米开一条竖沟，沟宽2～3米，沟深0.8米，确保沟沟相通、沟窝相连。鱼沟的作用，一是有利于解决种稻要浅水、养鱼要深水的矛盾。二是有利于鱼类饲养管理，并为鱼类提供避害的场所，当夏日高温或者晒田时作为鱼类的临时躲避栖居场所。三是作为鱼类从鱼坑向稻田觅食、活动的通道。四是有利于鱼类的捕获。

**2. 鱼窝** 是解决养殖动物在稻田中栖息生长和解决水稻施肥、用药、烤田与养殖矛盾的重要设施，同时也有助于养殖对象的饲养管理、捕捞收获。鱼窝开在鱼沟的交叉处或田边、田头，也可开在田外。鱼窝的位置、数量、形状、大小、深浅根据稻田的地形、田块面积大小、饲养种类和放养数量而定。鱼窝的深度一般为1.2～1.5米。鱼窝太浅，夏季水温过高不利于养殖动物生长；鱼窝太深，不利于养殖动物到大田中活动觅食。

**3. 鱼凼** 占总田面积5%～8%，1～2亩的田块挖凼一个，3亩以上的稻田可挖2～3个。鱼凼多建在田中央或田埂边，开挖方形或圆形鱼凼，深1～1.2米，与鱼沟中心沟相通。开挖时间可在插秧前30～40天，挖成后每隔10天再整理1次，连续整理3～4次，鱼凼成型较好。

### 三、加固田埂

开挖鱼沟、鱼窝的土用于加高加固田埂，目的是提高和保持稻田水位，有利于提高稻田养殖产量，并防止被大雨、洪水冲塌，便于在上面建防逃设施，防止敌害生物和避免养殖对象逃逸。养殖稻田田埂的高度可根据稻田原有的地势、饲养目的、养殖种类而定。通常加高到0.6～1米，埂顶宽0.5米左右，加固时每层土都要夯实，做到不裂、不漏、不垮，在满水时不能崩塌，确保田埂的保水性能。有条件的也可田埂水泥浇筑，形成高50厘米，宽30厘米的永久性稻田养鱼工程设施，当年投资，多年节省劳力，降低维护成本，提高效益，改变田埂年年修的状况。

### 四、开挖进、排水口

设进、排水系统要根据稻田集雨面积大小而决定排水沟（渠道）的宽窄、深浅。一般成片的稻田，上游水源有保证，进、排水沟应稍宽、稍深。进排水系统应建在田外，不能在稻田中串联。进排水口应开在稻田相对成两角的田埂上，能使整个稻田的水流畅通。排水口的大小应根据田块的大小和下暴雨时进水量的大小而定，进水口要比田面高10厘米左右，排水口要与田面相平或略低，一般排水宽1～1.5米为宜，用条石或水泥预制板砌牢固，不垮塌。进排水管由阀门控制，阀门边缘严密无漏洞，进排水口设置不锈钢或铁质防逃网，避免进排水时养殖水产品逃走。

### 五、稻田养鱼附属配套设施

**1. 拦鱼设施** 排水口要安装拦鱼竹箔或铁丝网两层作为拦鱼设施，使之成弧形，利用竹竿或钢条插入田中固定。两弧形竹箔相距0.5米左右，离排水口的一层较密，以确保鱼种不外逃。拦鱼竹箔长度为排水口的3倍，第二层的竹箔较稀，主要用于防止杂物堵塞第一层竹箔，以保证排水口水流畅通，拦杂物用的竹箔长度为排水口的4倍以上，竹箔的上端应比田埂高出0.5米，下端插到硬田泥30厘米以下为好。进水口也要安一层竹箔，以防鱼逃逸，同样成弧形，长度为进水口2倍。要注意的是，进、排水口最好在田的对角。

**2. 建平水缺** 平水缺的作用是使田间保持一定的水层，特别是暴雨季节，能使多余的积水溢出，确保田埂安全，防止养殖对象逃逸。平水缺可与排水器结合起来建造，一般建在傍依排水沟的田埂上。平水缺内、外侧都要安装拦鱼栅。

**3. 防逃设施** 若是养殖河蟹、小龙虾、鳖、蛙等水生动物的稻田，必须在田埂上搭建防逃设施。防逃设施一般用塑料薄板或水泥板做材料，在田埂上方距离田埂斜面 1 米的外沿稻田四周挖深约 0.2 米的沟，将塑料薄板埋入沟中，保证塑料薄板露出田埂面 0.5 米左右，塑料薄板每隔 1 米用竹、木棍或塑料细管支撑固定，防逃塑料薄板在四角做弧形，防止养殖动物沿夹角爬出逃逸。

**4. 防鸟装置** 喜鹊、白鹭等鸟类不仅喜欢摄食稻田养殖的水生动物，而且还会传播疫病。因此，在稻田养殖基础设施建设时，要考虑安装防鸟装置。一般在稻田四周田埂上用高 2.5 米的水泥桩柱，埋入土中 0.5 米左右，并拉上粗铁丝，稻田上空布细塑料线，间隔 0.5 米左右一条，这样既能防鸟又不伤害鸟，有利于保护野生动物。有条件的在稻田上空覆盖防鸟网，将鸟类拒之网外。

**5. 其他配套设施** 稻田养殖还必须配备抽水机、泵，必要的增氧设施，准备养殖用小船、网箱、工具等，建造看管用房等生产生活配套设施。

# 第二节　稻田养鱼系统中水稻种植技术

## 一、品种选择

水稻的栽培过程中，品种选择很重要。种子的选择需要结合区域实际，不同地区其气候条件差异比较明显，需结合气候实际选择合适的稻种。水稻的生产应当选择中熟、抗性强、适应性广、发芽率高、高产稳产的品种。种子必须经过筛选，提高种子发芽率还需要注意选择颗粒饱满、粒型整齐、无杂草、无病虫害的种子，有效缩短出芽时间。天气好的情况下，可适当进行种子晾晒，保证种子水分合理，同时阳光中的紫外线能较好地起到杀菌和消毒的效果，对后续水稻生长有积极意义。

## 二、育苗

水稻播种前必须先进行晒种、盐水选种，然后用 1‰ 生石灰浸种，避免种子带菌；将育苗床的床面耕翻 10 厘米以上，保证床土平整、细碎，床宽一般为 1.5～1.8 米；育苗床的基肥一般是施用优质有机肥 5.5～7.5 千克/平方米培肥土壤，与苗床土混拌；当气温为 15 ℃时开始进行播种育苗；播种量因播种方式的不同而不同，半水育苗的种子用量一般为 1 千克/亩。水稻苗床的选择要注意其方向，多数是东西走向，保证后续生长过程中能够获得足够的光照。其次幼苗的培育需要保证水稻苗床有充足的空间，依靠对苗床的控制，促进幼苗根部生长。实际生长过程中，水稻对根的生长要求比较高，所以需要在和苗床对应的位置控制好距离。可在苗床上覆盖一层膜，膜能够有效保护幼苗生长，提高苗床温度。同时能够维持水分，促进幼苗健康生长。

幼苗应首先选择适当的播种时间，应在 3 月底播种早稻，遵循冷浸、冷尾加速和温播的原则，使幼苗迅速出苗并使其分布均匀且不易腐烂。对于中稻，应首先确定收获时间，并根据收获时间确定播种时间，一般而言，在 5 月初种植完全生长的 150 天的品种。晚稻应遵循第三阶段和第一数量的原则，第三阶段是指品种的生育期、安全齐穗期（每年的 10 月 1 日）、秧龄期，而第一数量是指播种量。如果根据标准无法移植，则必须通过适当减少播种量来延长幼苗年龄。

播种前要小心处理种子。首先，浸泡种子，水温越高，则浸泡时间越短。每 1～2 天需要更换 1 次水，然后把种子进行翻转，让种子的每个部位都充分接触水。其次，浸泡种子可对种子进行灭菌，及时杀死种子中的细菌和寄生虫，并减少恶苗病的发病率。选择幼苗植物时，应选择土壤肥沃，干净的地方。播种前，必须将田间的土壤压实并浇水。播种时，将种子均匀撒播，然后用细土覆盖，并在不同时间施肥。

### 三、插秧

在水稻插秧前，一定要做好准备工作，首先提前对大田进行整地。大田最好是提前灌水，促进杂草种子的萌发生长，然后进行机械耙田，清除已经生长的杂草。大田整理完毕后，待气温稳定超过 12 ℃时即可插秧。水稻移栽过程中，尽量避免影响水稻根部，降低根部吸收能力，影响其后续生长。移栽完成后，还应及时做好查苗补苗，并结合生长实际，适时做好灌水。进行绿肥追加。新根生长 5 厘米左右后，还应适当追施绿肥，促进新叶生长。水稻的田间种植要求密度合理，一般 8 000～12 000 穴/亩，以确保秧苗的质量，插秧要求做到浅、直、匀、稳、足。

### 四、田间管理

为了提升水稻的产量和质量，也需要重视田间管理，逐步推动水稻种植全面实现科学化、合理化发展。在进行田间管理的过程中，重点从水肥和病虫害防治两个方面进行管理，提升水稻种植的技术水平，实现科学管理。同时，各级政府及相关单位还要加大对水稻种植技术的推广工作。

在进行田间管理的过程中，一方面，必须采取合理的措施为水稻生长提供充足的营养元素。因此，要定期对水稻田进行灌溉和施肥，实现土壤内部营养元素的平衡；另一方面，还需要对水稻田内部的病虫害进行管理，相关工作人员要加强对水稻生长情况的观察和监测，及时发现并解决水稻生长过程中遇到的各种病虫害问题，以保证水稻的健康生长。在种植阶段，科学开展田间管理发挥着重要的作用，必须保证田间管理的科学性和合理性，确保农产品的质量和产量得到有效提升。

### （一）土壤施肥

土壤为水稻生长提供了必要的养分，是决定水稻质量和产量的重要因素。如果想要获得高质量的水稻，需要对当地的种植条件进行多方面调研，从土壤成分等方面进行分析，提出改良方案；根据对土壤实际组成的调查，谨慎选择肥料的类型和施肥时间，避免化学肥料破坏土壤结构。可以通过秸秆还田技术对土壤进行培肥，就是在进行秋季收获时将秸秆、稻草充分切碎，均匀撒在大田里，然后进行深翻，将秸秆、稻草与土壤混匀。并在耙田前施入充分腐熟的农家肥作为基肥。

众所周知，水稻的种植只要满足基本的施肥就足够了。氮、磷和钾是水稻肥料的三种基本元素，对水稻的产量和品质有重大影响，而氮的影响最大。通常纯氮肥应按 6 千克/亩的比例施肥，氮、磷和钾的比例应为 2：1：1。一般仅水稻的肥料可用作基本肥料，用量约为 16 千克/亩，在耕作土壤以满足幼苗生长需要时可施用两次。底肥可与 100 千克硫酸铵一起使用，并在耕作前施用。氮肥可以有效提升水稻的蛋白质含量，同时降低栽培频率，增施钾肥可以提高水稻的光泽度。施肥方法为基本肥料，所有磷肥为基本肥料，氮肥和钾肥为基本肥料和追肥。为了提高制粉质量、外观质量和氮含量，应注意中后期（孕穗期至抽穗期）追肥。

### （二）本田除草

水稻大田化学除草是一项既省工，又节约成本的科学措施。化学除草药剂选择不当或施药方法不科学，都会直接影响除草效果，甚至造成药害。水稻大田化学除草药剂选择要考虑水稻移栽时秧苗素质的强弱及栽插的深浅等因素，为了有效地控制水稻移栽大田杂草的危害，应重点抓好五个关键措施。一是要根据秧龄和草相，选择安全高效的除草剂，准确选用药剂品种和施药方法。严格按操作程序用药，不要任意增减用药量。药量要准，杂草密度高的选用高剂量，拌药要匀，施药要均匀周到。二是栽插活棵后要根据技术要求及时用药，施药过早会影响秧苗成活及分蘖，施药推迟则影响除草效果。雨后及露水未干时不能施药。三是移栽时要精心整地，确保平整做到田面平整土块细小以便于化除，用药时稻田保持浅水层，水层过深的应先排水保持浅水层。四是药后要做好平水缺，防止大雨后淹没水稻心叶而引起药害。五是施药后的 5～7 天内必须保持水层，对漏水田要及时补足水。确保药效正常发挥。

化学除草后，田间仍有少量大龄杂草可人工拔除。人工除草要在 6 月末前进行，以免影响水稻幼穗分化。另外要在中后期割除池埂及水渠上的杂草。

对本田进行泡田可采取大水漫灌的方式，能够漂除土壤中的杂草种子；一般是在插秧前 15 天左右，将稻田进行翻耕并大水淹没以灭除田间的老草，待到插秧前 2～3 天再次对稻田进行翻耕以灭除萌生的杂草。在水稻的生长过程中发现有萌生的杂草要及时进行人工拔除。

### （三）水分管理

水分供给对水稻的产量和质量有很大影响。众所周知，水稻在浅水中长势最好。阳光从浅水直接照射到土壤可以提高水温，提高水中的氧气含量，从而达到隔热的目的。如果想保证水稻的产量，必须在水稻的整个生长期为其提供充足的水分，并对其进行科学的管理。因此可以将浅水层保持在地面的水平高度，确保土壤可以与侧面交换空气，并且使水稻种植地土壤里面与外界进行频繁的气体交换。幼穗分化到抽穗前采取"浅—湿—干间歇灌溉"技术，抽穗后浅水湿润灌溉，促进根系生长。井灌区采取增温灌溉技术，避免井水直接进田。要割净田埂杂草，除净田间种穗，既可防治病虫害，又可以保证阳光直射水面，提高水温。同时，要适时早断水，促进成熟。一般黄熟期即可停水，洼地早排，漏水地适当晚排。

### （四）病虫害防治

水稻病害以恶苗病、稻瘟病、纹枯病以及稻曲病为常见病。可以通过培育壮秧、合理密植、科学调控水肥、适时搁田、控制高峰苗等方法来增强植株的抗性，从根本上控制病害的发生。

危害水稻的常见害虫主要有稻象甲、稻蓟马、稻飞虱、螺虫。水稻的虫害防治首选农业防治，通过加强田间管理，增强水稻的抗性；物理防治是指在水稻栽培过程中使用频振式杀虫灯对趋光性害虫进行诱杀的害虫防治方法。生物防治是选用生物医药和植物性农药控制田间害虫基数，利用现有的天敌，控制害虫的种群数量。

**1. 稻田非化学防治技术** （1）生态工程。与稻田生产相关的农户应该加强对稻田生态系统中食物链关系的重视，即水稻—病虫这一二维食物链。如果从景观设计的角度看，可以通过人工的方式，对稻田周边的空地进行设计，此法能够帮助农户提升对稻田病虫害的控制力，并且在一定的程度上丰富稻田生态系统的生物多样性。寄生蜂作为病害虫的天敌昆虫，能够对病虫害的防治起到积极、有效的作用。可以通过人工设计的方式，种植显花植物，如芝麻、丝瓜以及大豆等，从而为寄生蜂提供蜜源，达到利用天敌昆虫来防治病虫害的目的。而田埂功能性禾本科杂草是大部分寄生蜂的栖息地，可以对其进行保留，吸引寄生蜂在此停留，这在一定的程度上也能对稻田的病虫害进行控制。在稻田中，也存在着种植茭白的区域，可以通过茭白田来促进寄生蜂的繁殖，充分发挥其防治稻田病虫害的积极作用。利用上述的方法，不仅能够对稻田的病虫害进行有效的控制，还能够生产出一定的经济作物，提高农户的生活水平，提升农作物的经济效益。

（2）翻耕整田灭蛹。春季是螟虫化蛹的时期，要对冬闲田和绿肥田进行统一的翻耕。在翻耕过后，要对田地进行大片的灌水，这一过程一般要持续 10 天。此法能够将绝大部分的越冬蛹淹死，更高效率地对稻田病虫害进行防治。

（3）种植诱集植物。香根草不仅是一种诱集植物，还是一种宿根植物。某些病虫喜欢在这种植物上产卵，然而在香根草上产下的虫卵大多数都无法成功化蛹。因此，在病虫较多的区域种植香根草，能够成功减少病虫害的发生。通常在每年的 3 月底至 4 月初进行香根草种植，为了提高香根草的存活率，还可以对其进行适当的施肥。公路旁、路边、机耕道等某些位于稻田边且位置较宽的地方，都能够种植香根草。在种植过程中，要注意将种植的丛距控制在 3～5 米，使其能够对稻田形成控制的距离保持在 20 米以上。另外，若香根草的植株生长得过高，影响到人们的正常作业，可以及时对其进行适当的割除，减少其带来的负面影响。

（4）昆虫性信息素诱杀和迷向。稻田工作人员可以利用昆虫性信息素对病虫进行诱杀，这种诱杀方法也被称为群集诱杀法。在稻田发生病虫害的区域，工作人员可以利用性诱剂，对该片区域存在的病虫、害虫进行集中且连片的诱杀，稻田区域的面积应该在 100 亩以上，因为面积越大，就能够达到越好的诱杀效果。干式飞蛾诱捕器的内部具有一枚诱芯，能够诱惑雄蛾钻入其中，使其死亡，从而达到消灭害虫的目的。稻田工作人员在田间设置诱捕器时，要注意将诱捕器与地面或水面的距离控制在 50～80 厘米，工作人员应当密切关注植株的生长情况，并且以其为依据，对诱捕器与平面的距离进行调整。另外，工作人员需要注意对诱捕器中诱芯的投放，一般来说，一个诱捕器只能投放一片诱芯，而为了减少信息素之间的互相干扰，诱捕器之间的间隔也需要保持在 5 米以上。诱捕器能够发挥有效作用的时间大概 3～6 个月。因此，在进行水稻收割之前，需要根据诱捕器的有效期，对诱芯进行及时的更换。

在病虫害的发生期，工作人员可以利用交配干扰迷向法来干扰病虫、害虫的交配。如制作大量的迷向丝、迷向圈，或是一定量的定时喷雾装置，将其投放到稻田中。不过，需要注意的是，被投放的迷向丝及迷向圈应具备 2 米左右的长度，且每亩田中要有 10 根左右的迷向丝或迷向圈放置其中。而在进行定时喷雾装置的投放时，应该遵循每 3 亩稻田投放一个装置的原则。最后，在水稻收割前，应对喷雾装置中的药剂进行定期的检查和及时的更换。

（5）物理阻隔育秧。叶蝉传播病毒病、条纹叶枯病以及齿叶矮缩病等，这些都是稻田中较常出现的病虫害。因此，要加强对容易发生上述病虫害的区域的管理和对水稻秧苗的保护，利用防虫网或者无纺布对稻田进行覆盖，借此避免介体昆虫传毒，从而减少病虫害的发生。稻田有不同的生长期，要依据实际情况来选择相应的防虫网。若水稻处于生长阶段的初期和中期，则需要用20～40目的防虫网。若水稻处于生长阶段的晚期，则需要用20～30目的防虫网。

（6）人工释放稻螟赤眼蜂。在我国，农户通常会利用赤眼蜂来增强对稻田病虫害的控制。通常情况下，将赤眼蜂带到田间将其释放。被释放后，赤眼蜂会寻觅合适的害虫虫卵，并且将自己的卵产在其所寻到的害虫虫卵中，使得害虫虫卵无法顺利孵化，从而减少害虫数量，实现对稻田病虫害的防治。在释放赤眼蜂时，首先，需要根据当地的实际情况进行分析，挑选出最具优势的蜂种，严格掌握放蜂的时间，以期达到对病虫害最好的控制效果；其次，工作人员要在稻田中对赤眼蜂进行释放；最后，需要对购买的蜂种进行处理，并且对其进行合理的放置。

**2. 微生物农药与化学农药的应用**　在对稻田进行农药喷洒时，需要遵循以下三个原则。一是，农药喷洒应以预防为主。保穗控害、种子处理以及带药移栽等都是工作人员在水稻种植中应提前做好的步骤。二是，需要保证农药喷洒所用的杀虫剂为正规产品，符合国家相关规定和标准。若稻田中发生的病虫害程度较轻，应尽量使用不会对天敌昆虫造成伤害的杀虫剂进行喷洒。三是，比起化学农药，微生物农药要发挥其效果需要更长的时间。因此，要提前2～3天进行微生物农药的施药。

微生物农药。甘蓝夜蛾核型多角体病毒（NPV）、微生物杀虫剂苏云金杆菌（Bt）等都能够对病虫害的防治起到积极的作用。因此，应该依据病虫害发生的具体情况，挑选出适宜的微生物农药进行喷洒。

化学农药和抗生素农药。在对水稻种子进行处理时，可以采用乙蒜素、咪鲜胺等来实现对稻瘟病和恶苗病的预防。若要对带有病毒的病虫害进行预防，应充分利用免疫诱抗剂配合杀虫剂进行喷洒，如宁南霉素，可以更为有效地进行防控。

**（五）农业种植技术推广策略**

**1. 创新推广机制**　现阶段，提高对农业技术推广工作的重视程度，应用农业技术提高种植效率，是实现乡村振兴的重要路径。但是，在进行技术推广的过程中，依然存在很多问题，比如我国农民的文化水平普遍不高，对于农业种植技术缺乏基本的认知，对新型农业种植知识不够了解等。这些问题使得在进行水稻种植的过程中，大多数农户依然采用传统的种植技术开展种植和管理，由于传统种植技术的科技程度不高，无法有效保障水稻种植的产量和质量。从另一个角度来看，也正是因为农民自身的文化水平不高，因此，在学习新技术的过程中面临着较多困难，不能在短时间内熟练掌握高新种植技术。

此外，在学习种植技术的过程中，农民对于全新的种植技术还处于被动接受阶段，使得学习成果难以达到预期效果，无法在水稻种植中发挥新型种植技术的优势作用。针对这种情况，政府部门需要有效发挥政策宏观调控作用，在开展种植工作时，建立相应的竞争机制，同时加强对技术人员的培训工作，实现农业资源的整合，强化不同地区间的交流与合作，充分发挥推广应用农业技术的积极作用，从整体上提升当地的农业种植水平，促进种植农作物产量的提高。

**2. 开展技术培训**　为了有效提升农民的水稻田间管理及栽培技术，必须要加强对相关技术的培训工作。首先，可以通过设置相应的推广小组，有针对性地为推广小组进行相关的技术培训，提升推广小组自身的专业技能，同时，在开展培训工作时，除了加强农户对于高科技种植手段的掌握能力以外，还需要注重培养农户的责任意识。在培训过程中，采用合理的培训方式和交流手段，逐步提升广大农民对种植技术的认同和应用。其次，在进行技术培训时，相关部门还可以利用多媒体技术，在枯燥的培训工作中加入视频、音频、图片等多媒体内容，提升培训工作的效果和质量；还可以通过利用农业电视节目或者微博、微信等网络媒体平台，进一步扩大农业技术推广的范围。最后，培训人员也需要在开展种植工作的过程中，积极应用水稻田间管理栽培技术和方法，使农户能够切身体会和了解新型种植技术的优势和作用。

**3. 转变农民的思想观念**　在开展水稻田间管理栽培技术推广工作中，转变农民对新技术的认知理念，是开展技术推广工作的重点和难点。当前，我国从事农业种植的人员往往文化程度不高，对于新技术的接受能力比较薄弱，长期从事传统农业种植，受小农思想的影响，导致农业种植人员的思维模式比较守旧，不敢尝试采用新技术进行水稻种植和田间管理，农民自身固化的思想观念，成为推广水稻田间管理栽培技术的阻力。因此，技术推广人员在开展相关工作时，需要根据具体情况，选择适合的推广方法，逐渐转变农民对于新技术的认知，采取合理的手段，引导农民接受新技术和新方法，提升农业种植的产量和质量。

**（六）转变农民思想观念的具体措施**

当前，大部分从事农业种植的农民，其思想认识和知识水平都比较落后，容易受环境和他人的不良影响。推广人员可以根据农民的自身特点，与当地的种植户开展交流与协作，通过在区域内设立试点单位，有效发挥试点单位的示范作用。在进行技术推广工作时，也可以让当地的种植大户优先采取先进的水稻田间管理栽培技术进行水稻种植，并且组织村民对种植结果进行观摩，使广大农民可以真切感受到新技术的实际成果，带动水稻田间管理栽培技术的广泛推广与应用，提升我国的农业生产水平。

**1. 加大推广资金的投入**　目前，在我国的社会经济发展中，农业是推动经济水平提升的重要动力之一，在整体经济中占据着重要的地位，而水稻田间管理栽培技术是提升我国农业发展水平的关键。现阶段，我国在进行水稻田间管理栽培技术推广的过程中，还面临着资金不足的巨大障碍，推广人员在进行技术推广工作时，由于缺少资金的支持，使得后续的推广工作无法顺利进行。

进行水稻田间管理栽培技术推广需要大量的资金支持，首先，政府部门要提高对于水稻田间管理栽培技术推广工作的重视程度，加大资金投入。其次，相关单位在收到项目启动资金后，要立刻开展技术研究工作，在工作过程中招聘一批具有较高素质、较高技术水平的专业人才，并且为这些人才提供必备的科研条件，让科研人员可以在适宜的条件下进行技术研发。再次，相关部门在得到充足的资金支持后，也要结合当地的实际情况，对水稻田间栽培管理技术进行全面研发，保证新技术能够符合当地的实际情况，保障水稻田间栽培管理技术推广工作的顺利开展。最后，在获得资金投入后，务必要保证资金可以得到有效落实，避免出现资金浪费的现象。在开展资金投入预算时，相关部门要对资金使用的实际情况进行规划，保证资金可以得到有效落实，为后续推广工作的开展提供保障。

**2. 建立示范基地，发挥示范基地的带头作用** 推广水稻田间栽培管理技术，离不开示范基地的建设。当前，我国各地区的经济发展水平严重不平衡，偏远农村地区缺乏示范基地的建设。在这种情况下，农户想要学习先进的水稻田间栽培管理技术，也没有适合的场所。因此，相关部门要采取有效措施设立相应的示范基地，在示范基地中使用先进的种植技术，并且开放基地，以吸引当地的农户进入基地开展学习活动，带动农户的种植技术水平。

此外，为了有效地发挥示范基地的作用，需要聘请专业素质较高的管理人员进行相关的管理工作，对示范基地进行广泛的宣传，达到推广水稻田间栽培管理技术的目的。

# 第三节 稻田养鱼系统中苗种放养

一般在水稻插秧后 15 天左右，水稻秧苗已经在稻田中生长稳定了，这时候就可以放养所要养殖的水产品种了。

## 一、放养前的准备

养鱼一年以上的稻田，需对鱼沟和鱼坑重新进行清整，底部沉积大量淤泥，故应在捕鱼后晒田，将鱼沟和鱼坑周围的淤泥挖起放置于堤埂和堤埂的斜坡上，待稍干时应贴放在堤埂斜坡上并拍打紧实，移栽黑麦草或青菜等，作为鱼类的青饲料。这样既能改善养殖条件，增大蓄水量，又能为青饲料和水稻种植提供优质肥料，草根还具有固泥护坡作用，避免池坡和堤埂的崩塌。鱼沟和鱼坑清整后，再用药物清理。清整好的鱼沟鱼坑，注入新水时要采用密网过滤，防止野杂鱼进入，待药效消失后，方可放入鱼种。

放养鱼苗 10 天前，采用生石灰或者漂白粉对鱼沟和鱼坑进行消毒，以杀灭可能存在的病原菌和野杂鱼，待消毒药物的毒性消失后就可以放苗了。如果是养殖小龙虾等虾蟹类，对药物较为敏感，需提前 15 天左右进行消毒，消毒后还需要种植轮叶黑藻等藻类，为其提供躲避物，避免相互残杀。

## 二、放养种类

对于鱼苗品种的选择，要充分地结合区域实际情况。一般情况下，主要以放养草鱼、鲤、鲫等常规鱼类为主，间或投放一些泥鳅等品种的鱼类。稻田养殖毕竟不同于池塘养殖，在苗种选择方面，首先，要选择苗种来源方便且容易销售的水产品种类。其次，要求所放养的品种必须具有耐高温和适应浅水环境的习性。稻田养鱼和池塘养鱼相比，水体环境浅，夏季太阳直射下水温升高快，短时间内容易升到 35 ℃以上，有的时候甚至达到 40 ℃。这就要求所养殖的品种具有耐高温的习性。最后，易达食用规格（或商品规格）。稻田养鱼主要还是以水稻种植为主，这就要求养殖周期必须符合水稻的生长周期，因此要求所养殖的品种具有生长速度快，短时间内（最好在水稻的生长周期内）达到食用规格。

在我国大部分地区，传统的养殖品种主要有鲤、鲫、草鱼；目前养殖比较多的有罗非鱼、泥鳅、胡子鲶、小龙虾、河蟹、日本沼虾、鲢、鳙、鳊、鲂等；此外，还有一些最近几年才兴起的养殖品种如台湾泥鳅、甲鱼、澳洲淡水小龙虾、青蟹、罗氏沼虾、斑节对虾、南美白对虾等。还可以发展萍、笋、菜、食用菌等进行综合生产养殖。不同地区可根据不同情况选择放养品种。原则上讲，适于池塘养殖的所有种类都可以在稻田中养殖。

## 三、放养密度

稻田养鱼是以稻鱼共生为基础的，因此选好鱼种和最佳的放养密度是成功高产的关键。放养密度和稻田条件、天气特征、饲料、养殖方式以及养殖经验等因素有关。日本福冈水产研究所的研究和实践表明，鱼种应选择体质健康、无病无伤的鲤科或鲫科鱼类。放养密度：水深 30 厘米左右时，每公顷稻田放养鱼苗 450～500 尾，鱼苗体重 100～150 克/尾。密度过大，鱼的排泄物过多，水中氧气减少会抑制鱼的生长。在最佳密度下，一茬稻可产鱼 300～330 千克/公顷，并使水稻增产 10%～12%。一般来说，单养成鱼，每亩的放养密度为

400～450 尾；成鱼套养冬片鱼种每亩的放养密度为 200 尾，套养夏花
2 000 尾；稻田单养鱼种，每亩放养夏花为 400～600 尾。

要根据鱼凼的大小来确定鱼种放养数量。稻田养殖成鱼，提倡放养大规格
鱼种，一般每亩稻田可放养 8～15 厘米的大规格鱼种 300 尾左右，高产养鱼稻
田可每亩放养 8～15 厘米的大规格鱼种 500～800 尾。具体放养量要因地制宜，
根据稻田的生态条件、产量要求和鱼种规格大小适当增减。如果实行粗放养
殖，要根据稻田的天然饵料状况来确定，杂草多可以草鱼为主，占 60%，鲤
30%，其他鱼类 10%；一般肥水田可以鲤、鲫为主，占 60%，草鱼 30%，其
他鱼类 10%；实行精养的，可草鱼、鲤并重各占 50%。

稻田养鱼：每亩可放体重 50 克的鲤种 150 尾，体重 50 克的草鱼 70 尾或
放养寸片鱼种 600～800 尾，放养比例，鲤 60%～80%、草鱼 20%、鲫 10%。
一般经 8 个月的养殖，可收获成鱼 100 千克或大规格鱼种 80 千克左右。

稻田养青虾：通常每亩放规格 1.5 厘米以上的虾种 1.5 万～2 万尾，或抱
卵亲虾0.3～0.5 千克，并可适当放养少量鲢鳙鱼、夏花，以充分利用稻田水
域空间和调节水质。

稻田养蟹：计划亩产商品蟹 20 千克以上的，每亩放养规格为 80～120 只/
千克的蟹种 4～5 千克；计划亩产商品蟹 30 千克以上的，可放养上述规格的蟹
种 6～7 千克。也可实行鱼蟹混养，每亩放养规格为 80～120 只/千克的蟹种
2.5～3 千克，大规格鱼种 10～15 千克。

## 四、放养时间

一般来说，如果是稻鱼共生，鱼种放养时间越早，养鱼的季节就越长，最
后收获时体重也就越重，相应的产量也就会越高。因此应尽量争取早放养，尤
其是当年孵化的鱼种，待秧苗返青后即可放入，也可在插秧前放入鱼凼。如果
是放养隔年鱼种则不宜过早，约在栽秧后 20 天左右放养为宜，否则放养过早
鱼会吃秧苗，造成水稻成活率不高，影响水稻产量；放养过迟对鱼的生长不
利。如果是稻渔轮作，则在水稻收割后就可以投放鱼种。

一般提倡早放，3 厘米以下鱼种，在插秧前就可以放养，因为鱼苗个体
小，不会掀动秧苗。而这时施足基肥的稻田，经犁耙后，浮游生物和底栖动物
大量繁殖，对鱼苗的生长特别有利。实践证明，插秧前后放入同样规格鱼种，
插秧前只比插秧后多饲养 15 天，但出田时，个体要比插秧后放入的增重 100 克
以上。6～10 厘米的鱼种，则最好待秧苗返青后再放入。

冬春农闲季节，开挖好鱼凼、鱼坑。如为上年养鱼的稻田，最好对鱼凼、
鱼坑等进行整修，铲除坑边杂草。放养前，排干坑、凼，日晒一星期左右，然
后灌水深 10 厘米左右，并用生石灰进行消毒，按亩用生石灰 50 千克撒施。再

过一星期后灌足水，每亩施肥 300 千克以适当培肥水质。4～5 天后即可投放鱼种进行饲养。放养鱼种要求体质健壮、无病无伤，同一批的鱼种规格要整齐。鱼种放养前还要进行鱼体药浴消毒。

一般主要有两种放养方式：一种是"稻渔连作"，即一鱼两稻的放养方法。鱼苗在头苗插秧后放进田里，在二苗收割之前捕捞，换稻季不影响养鱼。这种养鱼方法的连作田，多水源充足，通风向阳，田埂坚实，能保水蓄肥。另一种是"两秧两鱼"轮作，即利用中、晚稻秧田培育鱼苗。早稻插秧后，在中稻秧田里培育鱼苗，50～60 天后，再将鱼苗投放大田。利用晚稻秧田培育鱼苗，到晚稻插秧时将鱼苗投放大田。由于秧田肥沃，鱼苗生长较快。

## 五、注意事项

稻田养鱼是农村比较新型的养殖方式，以稻田作为水体，首要的是防洪、防逃、抗旱；其次要为鱼类在田中生活得舒适、安全创造必要的条件。因水深一般只有 20 厘米。水温受气温的影响较大，在夏季烈日照射下温度高达 38 ℃，稻田水体中杂草和底栖动物较多，而浮游生物较少。所以稻田最适宜养殖耐高温，而又是杂食性或草食性的鱼类，以草鱼、鲤、鲫等为主。

建设稻田工程，开厢挖沟时，应依水流或东西向开挖鱼沟，以利于排洪，有利于稻田通风透光，增加稻谷产量。水稻治虫用药要恰当，敌百虫、敌敌畏等农药不能用，其他低毒高效农药的使用，要对鱼类没有危害，并采用喷雾的方法，用药后要及时换水。

### （一）调节水温

因为稻田水浅，水温变化大，所以在投放鱼种时，应先检查运输鱼种的容器内水温与田内水温是否一致，要特别注意水温差，即运鱼器具内的水温与稻田的水温相差不能大于 2 ℃，因此，先加入一些稻田清水，使其水温基本一致时，再把鱼种缓慢倒入鱼坑或鱼沟里，让鱼种自由地游到稻田各处。如果是塑料袋充氧运输，需将塑料袋放在鱼沟的水面上漂浮 20～30 分钟，待内外温度一致时，再解开袋子，缓缓将苗种倒入鱼沟中。

### （二）适时注入新水

鱼种最好放入进水口处，发现田水过肥或消毒药性尚未完全消失，鱼种不适应时，能够及时注入新水，提高鱼种的成活率。

### （三）鱼体消毒

鱼种放入稻田前，一定要经过鱼体浸洗消毒。用 3‰食盐水或高锰酸钾浸泡苗种 5～10 分钟，以杀灭可能携带的病原菌，再缓缓倒入鱼沟中。如果是用化肥做底肥的稻田应在化肥毒性消失后再放鱼种，放鱼前先用少数鱼苗试水，如不发生死亡就可放养。

### （四）检查拦鱼设施

在放养之前应先检查田埂，进、排水口及拦鱼设施是否完整无损，发现漏洞应及时堵塞。

# 第四节　稻田养鱼系统中饵料的选择

饵料是鱼类及其他水生动物的食物。稻田养殖中根据不同的生长阶段，鱼类所需的饵料有所不同。

## 一、生物饵料

生物饵料主要指可作为鱼类食物的浮游生物、底栖动物（水蚯蚓和水生昆虫），容易被养殖对象消化，便于培养，对水体也不会造成污染，与配合饲料相比，其种类繁多、易培养、增殖速度快、不污染水体和环境，具有营养均衡丰富、适口性强，能增强鱼苗的抗病能力，成本低等优点。无论是从育苗品种的营养学角度还是从育苗品种养殖环境的改善角度而言，生物饵料育苗相对于传统的育苗模式都表现出独特的优势。如果放养密度不大，一般稻田中天然生物饵料就够了；如果放养的密度偏大，就需要专门培育生物饵料，培育方法可以参照池塘养殖的方法在鱼坑或鱼沟中进行。

生物饵料的营养丰富，能满足水产经济动物幼体的营养需求，但由于生物饵料的营养价值常随培养的食物种类而变化，营养不稳定，而且一些生物饵料如按照常规的方式培养，作为水产经济动物饵料，其营养也存在缺陷，特别是必需的不饱和脂肪酸（HUFA）营养缺陷，所以，必须根据水产经济动物幼体的营养需求，通过筛选定向培养和强化，获得符合某种水产动物幼体发育阶段营养需要的营养全面和饵料效果好的生物饵料。

生物饵料的培养。在苗种放养前 7～10 天开始清理鱼沟鱼坑和稻田，鱼沟鱼坑中加入少量水，加入生石灰（每亩用 100 千克，以 30～50 厘米水深计算）和茶粕（消毒用量为 5～8 千克/亩，以 30～50 厘米水深计算），待药性消失后进水，用 80 目的筛绢网袋过滤，以防敌害生物进入，初期进水 40～50 厘米。

农家肥培养生物饵料。在清整稻田后每亩施 500 千克发酵鸡粪，与稻田一起翻耕，每亩投放大草 300～400 千克或泼施经浸泡沤熟的花生麸 10～15 千克（以干重计）。

微藻菌种培养生物饵料。微藻作为水产动物的饵料培养，其历史可以追溯到 20 世纪初，我国有关微藻培养的第一次报道是 1942 年，微藻对水产动物幼体发育的直接营养作用尽管因不同种类有较大差异，但对于鱼虾蟹幼体中那些单独投喂微藻，不能维持生长变态的种类，如果将微藻与动物型生物饵料混合投喂，与单独投喂动物性饵料相比，可提高幼体生长率和存活率，特别是鱼类幼体发育过程中，将微藻和轮虫混合投喂，效果显著好于单独投喂。主要原因除了微藻对水产动物幼体的直接营养作用之外，更重要的是微藻能刺激鱼虾蟹幼体的食欲，并引发消化过程，诱发摄食活动，进而捕食大规格的饵料；微藻还能改善幼体肠道和环境中微生物的群落结构，改变环境中的光照，以利于幼体摄食生物饵料；微藻可通过去除代谢产物、释放氧气来改善环境，从而促进生长；同时微藻还可作为动物生物饵料的食物，间接营养幼体。在水产养殖中，大量培养的微藻已有很多种，他们主要隶属于 7 个门，几十个属。微藻在水产养殖方面的其他作用还有：作为培养其他动物性生物饵料的食物，如直接作为浮游动物如轮虫、枝角类、桡足类幼体培养的饵料，间接应用于水产养殖的育苗生产中；还可用于动物性饵料营养强化培养。

## 二、微生物发酵饲料

微生物发酵饲料是利用有益微生物的功能性一级和二级代谢产物生产的一种新型发酵生物饲料，即利用乳酸菌、酵母、芽孢杆菌等有益微生物进行一种或多种饲料原料的厌氧或好氧发酵。微生物发酵饲料是指在人工控制条件下，通过微生物的新陈代谢和菌体繁殖，将饲料中的大分子物质和抗营养因子分解或转化，产生更有利于水产动物采食和利用的富含高活性益生菌及其代谢产物的饲料或原料。狭义方面微生物发酵饲料是指利用某些具有特殊功能的微生物与原料及辅料混合发酵，经干燥或制粒等特殊工艺加工而成的含活性益生菌安全、无污染、无药物残留的优质饲料。近年来，国内外关于微生物发酵饲料的研究主要集中在发酵菌种类型筛选、生理学功能、饲喂效果等方面，而关于发酵植物蛋白源选择的报道较少，阻碍了微生物发酵饲料的进一步发展。相对于传统饲料来说，微生物发酵饲料具有很多优势，主要表现在：一是原料广泛，成本低廉；二是有效提高饲料利用率，降低养殖成本；三是微生物发酵脱毒，饲料更安全；四是改善饲料适口性和养殖水体环境。

### （一）微生物发酵饲料的主要生产环节

**1. 筛选菌种** 自然界微生物资源十分丰富，微生物菌种是决定饲料发酵成功与否的关键因素。2013 年农业部发布的《饲料添加剂品种目录》中允许作为饲料添加剂使用的微生物种类达到 34 种，可选择空间较大。

乳酸菌。乳酸菌是一类能发酵碳水化合物且产生大量乳酸的细菌，属革兰氏阳性菌，常用作益生菌添加剂。乳酸菌作为一种微生物发酵饲料添加剂，在动物体内有众多作用：一是调节肠道内菌群平衡，改善肠道功能，促进动物生长；二是乳酸菌代谢过程中产生大量非特异性免疫酶，增强动物非特异性免疫机能，提高抗病力；三是降低肠道 pH，提高消化酶活性，提升饲料利用率。此外，乳酸菌还能调节机体免疫反应，保持肠壁完整性。

芽孢杆菌。芽孢杆菌是一种能产生芽孢的革兰氏阳性菌，是众多水生动物中研究最多的宿主相关益生菌。目前在微生物发酵饲料研究中应用较多的有枯草芽孢杆菌、地衣芽孢杆菌、蜡样芽孢杆菌。芽孢杆菌作为一种生物发酵饲料添加剂具有很多优点，主要表现为：一是耐氧化、耐高温、耐挤压、耐酸碱，能抵御外界不良环境；二是能产生蛋白酶、脂肪酶、淀粉酶等多种消化酶，提高饲料消化利用率；三是能分泌多种氨基酸和 B 族维生素，提高饲料营养水平。

酵母。酵母是单细胞真菌，是一种天然发酵剂。酵母是人类使用最早的微生物，至今知晓有 1 000 多种酵母。酵母生长繁殖快，周期短；营养价值高，其菌体富含多糖、蛋白质、脂肪、维生素、蛋白酶、纤维素酶、胰蛋白酶等，应用于发酵饲料中可增加发酵饲料的营养价值。

**2. 选择蛋白源** 发酵植物蛋白源主要包括以豆粕、菜籽粕、棉籽粕为主的农业副产品。由于其氨基酸含量丰富、蛋白质含量高、成本低廉，可作为水产养殖动物饲料中的蛋白质来源。通过发酵豆粕可增加饲料中肽含量、纤溶酶活性、体外胰蛋白酶消化率和氮溶解度，降低抗营养因子，从而提高水产养殖动物的饲料利用率。在菜籽粕发酵过程中使用的益生菌和酵母可以降低抗营养因子和植酸水平，提高粗蛋白质和矿物质的相对含量。棉籽粕可以替代众多鱼类日粮中的鱼粉，但由于棉籽粕中含有游离棉酚、植酸和抗营养因子，导致其利用率降低。发酵棉籽粕可以利用有益微生物来降低游离棉酚浓度，增加粗蛋白质含量和必需氨基酸水平。在许多相关研究中已经证明，发酵豆粕、发酵菜籽粕和发酵棉籽粕可替代水产养殖动物日粮中的鱼粉，并能促进水产养殖动物生长发育。

**（二）微生物发酵饲料在水产养殖中的应用**

**1. 提高水产动物的消化吸收率，促进生长发育** 微生物发酵饲料中的益生菌可以在肠道内生存繁殖，代谢生产出多种有利于动物消化吸收的有益因子，增强水产动物的消化吸收能力，从而促进水产动物的生长。黄世金等（2011）研究发现，发酵饲料能促进罗非鱼生长、提高成活率，降低饵料系数。陈文典等（2009）将发酵鱼粉、发酵虾壳粉、发酵豆粕和发酵棉粕等添加到饲料中饲养中华绒螯蟹发现，肝胰脏和性腺重占中华绒螯蟹的体重比显著增加，平均亩产量和成活率分别提高 11.06% 和 16.53%，平均亩收益提高 11.8%～46.7%。

**2. 强化水产动物免疫机能，增强抵抗力** 在投喂益生菌后，水产动物体内相应的抗体能加强机体的体液免疫和细胞免疫，提高抗体水平，增强机体免疫功能，及时防御和消灭致病菌。与此同时还可以为水产动物有效补充益生菌，不同的微生物群落之间形成彼此依存的关系，在水产动物消化道内维持微生态平衡，有利于水产动物抵御病原微生物的侵害。

**3. 分解有机污染物，改善养殖生态环境**　与普通饲料相比，微生物发酵饲料在水中溶解速率慢，不易流失，不仅提高饲料利用率，还大幅度减少了残余饵料和动物粪便对水质的污染。在益生菌代谢过程中会形成许多中间物质，如氨基转移酶、氨基氧化酶和硫化物降解酶，可以分解水中的有害物质。此外，微生物发酵饲料在水中能依靠不同类型益生菌的氧化、硝化、氨化和固氮作用降解水中的有机物，生成能被浮游植物吸收的无机盐，达到优化水质的目的。

### （三）微生物发酵饲料发展前景

随着当前水产养殖行业向绿色产业发展，对水产品的品质要求也更加严格。水产品安全首先是饲料安全，而微生物发酵饲料通过微生物发酵技术能消除饲料原料中可能存在的毒素，提高饲料利用率，具有广阔的应用前景。但目前微生物发酵饲料还面临着一些需要解决的问题：一是没有统一的生产技术标准；二是在饲料发酵过程中缺少专业人员监控，影响发酵饲料的质量，降低了使用效果；三是目前我国用于微生物发酵饲料的菌种来源较少，并且在微生物发酵饲料中活菌质量得不到保证，易失活。随着人们对其研究的进一步深入和我国微生物发酵技术的发展，这些问题必然会迎刃而解。同时微生物发酵饲料必然会成为未来饲料业的发展方向，并广泛应用于养殖业，为更多的养殖者带来理想的经济效益。

## 三、花生麸

花生麸也叫花生仁饼，片状，是花生仁经过加工榨油以后产生的副产物，它含有很丰富的粗蛋白和油脂，因而营养价值较高。花生饼中的粗脂肪和粗蛋白含量相当丰富，其粗蛋白质含量约 44%、浸提粕约 47%，是许多饲料所不及的；另外其水分 12%，有机质 80%，氮 6.39%、磷 1.17%、钾 1.34%。其含有的氨基酸中，组氨酸、精氨酸和亮氨酸的含量较高，赖氨酸、蛋氨酸和色氨酸的含量较低，特别是蛋氨酸。含有的维生素和无机物中，烟酸、泛酸、硫胺素和胆碱的含量较高，胡萝卜素和维生素 D 含量较少，核黄素含量适中。优质花生麸入口香甜、如花生味，适口性好，用在高档膨化料里效果很好。

在种植水稻的时候，合理施用花生麸，其在提高水产动物产量的同时，对水稻的生长、品质具有重要的作用，其可有效提高水稻品质。经过大量的试验数据分析可以发现，在种植水稻的时候，配合使用花生麸等有机肥料，不仅可以保障水稻的出米率，而且还提高了水稻米粒的粗蛋白含量，且富含的营养元素如氨基酸等都有明显提升。这是因为花生麸中富含大量的微量元素，其在施用过程中，改善了种植水稻的土壤环境，使其更加肥沃，让水稻吸收了微量元素，提高了水稻的营养价值。另外，施用花生麸的水稻，其所产出的米粒，从外观上看更加饱满，色泽更加明亮。由于种植的时候配合使用了有机肥，便降低了化学肥料的使用量，这就大大减少了农药的负面作用，使得水稻的种植品质得到有效提升。总而言之，在种植水稻的过程中，施用花生麸有机肥料，不仅保护了生态环境，而且提高了资源利用率，降低了成本，起到了巨大作用。

### 四、麦麸

麦麸即麦皮，是小麦加工面粉后的副产品，麦黄色，片状或粉状。麦麸是一种中低档能量饲料，是小麦制粉过程中提取小麦粉和胚芽后的主要加工副产品，以皮层为主，混入少量的胚芽和未剥刮干净的胚乳，主要含纤维、糊粉、一些矿物质和维生素，能量值较低，粗蛋白质含量较高。此外，麦麸中还含有丰富的膳食纤维和非淀粉多糖，对于调节水产动物肠道健康具有重要作用。

麦麸的营养成分就是小麦籽粒的皮，麦皮的端部有部分胚芽（也就是麦子生芽的部位），占麦皮总量的5%～10%，含有大量的B族维生素。富含纤维素和维生素，主要用途有食用、入药、饲料原料、酿酒等。麦麸的粗纤维含量为8%～10%，无氮浸出物为50%～55%。麸皮的蛋白质含量稍高于次粉，为13%～16%，粗灰分也高于次粉，约为6%。

麦麸直接投喂养殖动物。这种养殖方法，在水产养殖中比较常见，它主要用于鱼苗鱼种的培育，以及滤食性鱼类（鲢、鳙等）、杂食性鱼类（鲤、鲫等）的养殖上。还可以通过将麦麸用于培养昆虫，以获得蛋白质类饲料，用于养殖不直接采食麦麸的动物（比如肉食性的动物）。当然，通过这种方法，麦麸已经变成高蛋白的物质。因此它们（培养出来的昆虫）也可以当作养殖动物的蛋白质类饲料，混入其他饲料中，用于养殖动物或者制成全价配合饲料。

### 五、米糠

米糠是稻谷经过加工后产生的一种副产品，又叫作米皮。米糠由种皮和胚组成，米糠中含有蛋白质、脂肪、糖等。氨基酸含量较为平衡，其中赖氨酸、色氨酸和苏氨酸含量高于玉米；米糠粗纤维含量不高，故有效能值较高；米糠脂肪含量12%以上，其中主要是不饱和脂肪酸；米糠中的B族维生素及维生素E含量高，是核黄素的良好来源，在糠麸饲料中仅次于麦麸。其还含有肌醇，但维生素A、维生素D、维生素C含量少；米糠中矿物质含量丰富，锌、铁、锰、钾、镁、硅含量较高。

由于加工米糠的原料和所采用的加工技术不同，米糠的组成成分并不完全一样。一般来说，米糠中平均含蛋白质15%，脂肪16%～22%，糖3%～8%，水分 10%。脂肪中主要的脂肪酸为油酸、亚油酸等不饱和脂肪酸，并含有高量维生素、植物醇、膳食纤维、氨基酸和矿物质元素等。

丰富的膳食纤维、合理的氨基酸配比和较高的能量吸收利用率，使米糠成为水产饲料的重要原料。韩庆炜等研究发现，鲈食用含有 $Cr_2O_3$ 指示剂的全脂米糠饵料，能够充分吸收利用米糠中的营养物质，粗蛋白的表观消化率接近98%。叶永青等通过试验比较米糠粕、小麦两种原料对草鱼生长性能影响的差异表现，两种原料对草鱼的终体重和日增重均无显著差异，证明可以利用米糠粕替换小麦来节省饲喂原料的投入。郭永坚等研究 4 种饲料对鲻的生长影响，发现单独使用米糠饲喂鲻，对其生长无显著影响，但可以维持较高的成活率（>80%）；试验结束时米糠组鲻的粗蛋白含量最高（18.62%）。房进广以麦瑞加拉鲮为研究对象，对 12 种饲料原料表观消化率进行研究分析，确认米糠可作为较好的能量饲料。吴妙鸿等研究指出，米糠与鲍鱼、鱼粉、海带 3 种物质氨基酸含量的配比相近，不饱和脂肪酸相对含量明显高于另外 3 种物质，证明米糠中的营养物质符合鲍鱼的生理需求，可用作鲍鱼饲料的原料。

米糠作为饲料基础营养供应原料可以提供优质的蛋白质、脂肪、维生素和矿物质等，也可以利用丰富多样的营养因子开发出提高畜禽生长性能、增强免疫力，改善肉蛋奶等畜禽产品品质的添加剂。米糠作为可再生资源，在饲料领域还有很大的发展空间。

## 六、人工配合饲料

配合饲料是根据动物的营养需要，按照饲料配方，将多种原料按一定比例混合，经适当的加工而成的具有一定形状的饲料。针对不同的养殖对象或同一养殖对象的不同发育阶段及不同的养殖方式，配合饲料的配方、营养成分、加工成的物理性状和规格都可能不同。主要依据养殖对象对蛋白质、脂肪、碳水化合物、维生素、矿物质等主要营养物质的需求，选用若干种原料和添加剂，经混合和机械加工而成的人工饵料。配合饲料可提高饵料的适口性、品质、蛋白质消化率和淀粉胶质化程度等。

配合饲料在水产养殖业的发展中起着重要作用。在养殖成本中，配合饲料的费用应控制在总成本的 60%～70% 或更低。要获得优质的水产品和良好的养殖效益，除控制水环境、选择优良养殖品种、实行科学饲养管理外，应用优质配合饲料也是一个重要因素。营养与饲料学在现代动物生产中的科技贡献率仅次于遗传育种，位居第二。可以说，没有现代的饲料工业，就不会有现代化的水产养殖业。

### （一）配合饲料的优点及分类

**1. 配合饲料的优点** 生产实践证明，配合饲料与生鲜饲料或单一的饲料原料相比有如下优点：

（1）扩大原料来源。配合饲料除可采用粮食、饼粕、糠麸和鱼粉等原料外，还可因地制宜、经济合理地利用屠宰场、肉联厂、水产品加工厂的下脚料以及酿造、食品、制糖等工业的副产品。

（2）提高饲料利用效率。在渔业中配合饲料是按照鱼虾的种类、不同生长阶段的营养需要及其生理消化特点等配制的，营养全面，而且在加工中经过调制、熟化等工艺，提高了饲料的适口性、可消化性和水稳定性，从而提高了饲料利用率。

（3）减少鱼病且便于防病。配合饲料营养全面，可增强鱼体体质。加工中能除去毒素，杀灭病菌和寄生虫卵，减少由饲料引起的疾病。还可在配合饲料中添加防治鱼病的药物，便于防治鱼病。

（4）减少养殖活动对水环境的污染。配合饲料耐水性好，饲料利用率高，针对相同水产品时投饲量少、输入水域的有机物也较少，从而减少了对水质的污染。

（5）便于集约化经营。配合饲料可以预储原料，保障供给，增强生产的计划性，保证渔场集约化养殖需要。饲料成型好、体积小、含水少，便于运输和储存。水产养殖者还可采用机械化投饲，提高劳动生产率，从而提高经济效益。

**2. 配合饲料的分类**　根据营养成分划分，配合饲料可分为：

（1）添加剂预混合饲料。简称预混料，是由一种或多种饲料添加剂与载体或稀释剂按照一定比例配制的均匀混合物。按照活性成分的种类又可分为单项性预混料、维生素预混料、微量元素预混料和复合预混料。单项性预混料由一种活性成分按一定比例与载体或稀释剂混合而成。维生素预混料由各种维生素配制而成。微量元素预混料由各种微量元素矿物盐配制而成。复合预混料是指两类或两类以上的微量元素、维生素、氨基酸或非营养性添加剂等微量成分加载体或稀释剂的均匀混合物，是饲料生产中必然使用的一种复合原料。

（2）浓缩饲料。为添加剂预混合饲料与部分蛋白质饲料按照一定比例配制而成的均匀混合物，有时还包含油脂或其他饲料原料。在饲料中的添加量为10%左右，一般附有推荐配方，如用多少浓缩饲料与多少其他饲料配合，供用户使用时参考。

（3）全价配合饲料。由蛋白饲料、能量饲料与添加剂预混料按照一定比例配制而成的均匀混合物。配方科学合理，营养全面，理论上除水分以外，能完全满足动物的生长发育需要。

根据饲料形状划分为粉状饲料、颗粒饲料（硬颗粒饲料、软颗粒饲料和膨化饲料）、微颗粒饲料（微胶囊饲料、微黏合饲料和微膜饲料）和其他形状饲料。根据饲养动物的种类划分，可分为草鱼饲料、鲤饲料、大口鲇饲料、对虾饲料和中华鳖饲料等。根据动物的生长发育阶段划分，可分为开口饲料、苗种饲料、育成饲料和亲体饲料等。根据饲料的沉浮性划分，可分为沉性饲料、浮性饲料和半浮性饲料等。

### （二）配合饲料的选择

养殖品种及规格不同的全价配合饲料，其成分含量和营养价值是不相同的，所适用的养殖鱼类就不一样。比如，肉食性鱼类对蛋白质的需要量要比杂食性鱼类高，杂食性的又要比草食性的高，养殖鳗鲡、罗非鱼和草鱼时，不应使用相同的饲料；同一种鱼，不同养殖阶段也应使用不同的饲料。为了提高养殖的保险系数而盲目购买高档饲料，既增加了养殖场成本，又不适合鱼类的营养需要。为了降低养殖成本，使用低档廉价饲料，也是不恰当的。低价的全价配合饲料多使用品质较差、消化利用率较低的原料，可被鱼类利用的有效成分含量较低，饲料系数高，养殖鱼类所需营养得不到满足，生长缓慢，饲料消耗量大，同样也会使养殖效益下降。同时还需避免跨种类混合使用全价配合饲料，若用畜禽饲料喂鱼，不仅不能满足鱼类营养需要，还会因为畜禽饲料中所含的某些药物等影响鱼类的正常生长。因此，选择全价配合饲料需要注意鉴别饲料的名称、适用的养殖对象以及饲料的主要营养成分含量。鉴别全价配合饲料品质优劣应注意以下几个方面：一是饲料颗粒的长短和大小要适当。鱼类的摄食特点是，当它能吞食较大颗粒的饲料时，不选择小颗粒的饲料，因此，应选择粒径适合鱼口径大小的饲料。优质全价配合饲料从外观来看，颗粒粗细均匀，长短一致，颗粒长度是粒径的 1.5～2 倍，无过碎或过长的饲料。二是饲料的黏结度要适中。饲料颗粒外表光洁致密，不粗糙松软，这样的饲料在水中稳定性好，可保持浸泡在水中 20 秒内不吸水变形，1.5 小时内不完全溃散（虾类饲料除外）。三是饲料含水量要适当。优质全价配合饲料手感干燥清爽不潮湿，含水率约为 12%，正常情况下可保存 3 个月以上而不发霉变质。饲料含水分太少，则硬度过大，不利于鱼类消化；饲料含水分太多，则容易霉变，保质时间短。四是饲料的适口性和色泽要好。优质全价配合饲料颜色均匀自然，气味淡香，口感略咸。若饲料颜色偏重于某种原料的颜色或颜色不均匀，表明饲料原料品质较低劣或加工时混合不均匀，成品饲料的质量就无法保证。配合饲料的保存不良，会使饲料中的蛋白质被霉菌破坏，脂肪容易氧化，维生素在光照、高温、潮湿及有氧的情况下易失效等，无论饲料的品质有多优良，都有存放环境与存放时间的限制。尤其是每年气温开始回升，空气的湿度相对较高时，极易感染霉菌，由于微生物的代谢作用，饲料水分也有所增加，饲料会加速霉变。当饲料泛黄、泛黑，有不均匀的色块，闻起来有霉味、臭味等不良刺激性气味，口感苦涩，手感松软发黏，则表明饲料已经变质，不能再作饲料用。因此，科学选用妥善保存的全价配合饲料进行合理投喂，是提高水产养殖场经济效益的关键。

在养殖过程中，根据鱼规格大小选择不同型号的配合饲料，原则上要保证其适口性好、在水中有较小的溶失率。当鱼苗较小，食性刚处于转化阶段时，要选择高蛋白营养丰富饲料以促进鱼的快速健康生长，一般选择蛋白36%以上的饲料，投饲率为5%～7%，不能投喂过期、发霉或来源不明的饲料。

# 第五节　稻田中渔用饲料投喂技术

稻田养鱼分不投外源性饵料和适当投喂饵料两类。不投饵即纯粹利用稻田天然饵料，鱼种放养少，鱼产量较低；适当投饵即在鱼坑和固定某段鱼沟中投饵，鱼种放养密度较大，产量较高。同时，投喂技术也是直接影响饲料系数和养殖生产经济效益的重要因素。饲料的投喂技术在稻渔生产中十分重要。在目前的稻田综合种养中，一般都需投喂一些饵料。

## 一、投饲原则

在投喂饲料时，要坚持"四定"和"三看"的投饲原则，以提高饲料的利用效率，降低饵料系数，提高稻田养鱼户的经济效益。

### （一）定时

必须让鱼类在水体溶氧高的条件下吃食，以提高饲料利用率。通常草类和贝类饲料宜在上午9:00左右投喂。精饲料和配合饲料应根据水温和季节适当增加投喂次数（指1日投饲量分多次投喂），以提高饲料利用率。在天气无大变化且正常的情况下，每天投饲的时间要相对固定，原则上每天投喂2次，分别在上午和下午进行。

### （二）定量

投喂饲料要做到合理、定量、科学，不能时多时少进而造成稻田养殖鱼类的饥饱不均，影响稻田中养殖鱼类对饲料的消化吸收和自身生长，甚至会引起鱼病的发生。

### （三）定质

投喂的饲料必须新鲜、干净、适口，保证其质量并尽量满足养殖鱼类的营养需求。草类饲料要求鲜嫩、无根、无泥，鱼喜食。贝类饲料要求纯净、鲜活、适口、无杂质。如果是配合饲料，质量应符合《无公害食品　渔用配合饲料安全限量》(NY 5072—2002)的规定；如果是米糠、麦麸、豆渣、酒糟、青草、浮萍等，应保证饲料清洁卫生、未受污染。精饲料要求粗蛋白质高。颗粒饲料要求营养全面，在水中不易散失。不可投喂腐败变质饲料。

### （四）定位

鱼类对特定的刺激容易形成条件反射，因此固定投饲地点有利于提高饲料利用率，也更利于了解鱼类吃食情况和食场消毒，并便于清除剩余饲料，保证池鱼吃食卫生。特别是投精饲料和配合饲料，要在池边搭设跳板。投饲时应事先给予特定的刺激，使鱼集中在跳板附近，然后再投饵料，可有效防止饲料散失，提高饲料利用率。草类饲料投放量大，一般不设食场，否则该处水质易恶化。在稻田中设置固定的饲料台，饲料投喂到食场内，使养殖的鱼类养成在相对固定的地点吃食的习惯。

### （五）看天气

要注意天气、水温状况，观察鱼类的吃食情况。天气晴朗，池水溶氧条件好，应增大投喂量。而阴雨天溶氧条件差，则减少投喂量。天气闷热，无风或有雷阵雨应停止投饵料。天气变化大，鱼类食欲减退，应减少投喂数量。

### （六）看水质

注意观察水质、定期测量水体溶氧量、氨、氮、亚硝酸盐等指标，依据水质好坏调整投饵量。池塘水色以黄褐色和油绿色为好，可正常投饲。如水色过浓转黑，表示水质恶化，应减少投饵量，及时加注新水。

### （七）看田鱼的生长和摄食情况

养殖鱼类在不同的生长阶段对饵料的需求有所不同。在温度适宜、天气晴朗时适当增加投饵量，阴雨天气时停止或减少投喂。早晚巡塘，检查食场，了解鱼类吃食情况。如投饲后很快吃完，应适当增加投饵量；如投饲后长时间未吃完，应减少投饵量。

## 二、投饲数量

鱼类饲料投喂的基本原则是以最小的饲料消耗获取最大限度的鱼产品，一方面要保证满足鱼类对饲料的合理摄食量；另一方面还要在最少的饲料浪费和最小的水质影响情况下满足鱼类的最好生长。投饲数量是否科学合理，对饲料的利用和养殖的成本影响很大。投饲量过低时，养殖的鱼群会处于饥饿状态，生长发育缓慢；投饲过量，不但饲料利用率低，而且易造成水质污染，增加了鱼病的发生机率，且造成饲料浪费，人为增加养殖成本。一般来说，人工配合饲料按鱼总体重的2%～5%投喂，青饲料按草食性鱼类总体重的10%～40%投喂。

尽管各地饲料种类、养殖方法、天气均有所不同，但饲料分配比例却有其共同点，即在季节上采取"早开食、晚停食、抓中间、带两头"的分配方法，在鱼类主要生长季节投饲量占总投饲量的75%～85%。在饲料种类上，草类饲料在春夏季数量多、质量较好，多在鱼类生长季节的中前期供应。贝类饲料下半年产量高，加之此期青鱼、鲤个体大，食谱范围广，多在鱼类生长季节的中后期供应。精饲料也多在中后期供应，以利于鱼类保膘越冬。此外，在早春开食阶段还必须抓好饲料的质量。

### 三、投饲技术

#### （一）投饲方法

鱼类饲料的投喂方法分为人工手撒投喂、饲料台投喂、投饵机投喂三种。人工手撒投喂使用比较普遍。手撒投喂方法简便，利于观察鱼群的吃食和活动情况，投饲准确集中，使用灵活，易于掌握，而且有节约能源的优点；其缺点是耗费人工和时间，对于劳动力充足的中小型渔场，或者养殖名特优水产动物时投喂饲料值得提倡这种投饲方法。饲料台投喂是利用鱼自身饥饱的需要游上饲料台获得饲料的方式，适合养殖密度大、面积小的养殖模式。利用投饵机投喂，这种方式可以定时、定量、定位，同时也具有省时、省工的优点。但是，应指出的是利用机械投饲机不易掌握鱼的摄食状况，不能灵活控制投饲量。

#### （二）投喂次数

科学的投喂数量确定之后，1天中分几次投喂，同样关系到提高饲料利用率和促进养殖鱼类的生长情况。投喂次数的确定也受水温、水质、天气、饲料质量及养殖鱼类品种、大小影响。鲤、鲫、草鱼等都是无胃鱼，摄取饲料由食道直接进入肠内消化，一次容纳的食物量远不及肉食性的有胃鱼，是摄食缓慢的鱼类，一天内摄食的时间相对较长，采取多次投喂有助于其消化和吸收，提高饲料效率。根据稻田鱼的摄食特点、季节及水温的变化确定科学的投喂次数，一般1～2次/天为宜。

值得注意的是，为了降低饲料成本，充分发挥饲料的生产潜力，应坚持做到一年中连续不断地投喂足够数量的饲料。特别是在鱼类主要生长季节应坚持每天投喂，以保证鱼类吃食均匀。渔谚有"一天不吃，三天不长"或"一天不投，三天白投"的说法，形象地说明时断时续地投喂对鱼类生长所带来的影响。

此外，对于以精饲料或配合饲料为主的鱼池，其投饲量比天然饵料少得多，吃食不易均匀。加上鲤科鱼类无胃，因此只有增加一天中的投饲次数，才能提高饲料的消化率和利用率。特别是添加氨基酸的配合饲料，必须增加投饲频率，才能有效地利用饲料中添加的氨基酸。因为添加的游离态氨基酸很快被肠道直接吸收首先进入血液，而饲料中的结合态氨基酸需在蛋白质被消化、分解成游离的氨基酸后才能被肠道吸收。所以在鱼体血液中，添加的游离态氨基酸和饲料中结合态氨基酸不能同时达到较高浓度，这样添加的氨基酸就不能参与合成鱼体蛋白质。为避免这一缺陷，只有增加每天的投饲次数，利用饲料中的氨基酸和添加氨基酸的互补和交叉，使投喂的全部氨基酸在血液中同时达到较高浓度，加速鱼体蛋白质的合成，促进养殖鱼类的生长。

### （三）投喂时间

每天第一次投喂时间在上午 9:00 左右，最后一次投喂的时间在下午 6:00 左右。每次投喂时间一般应控制在 30 分钟左右。

# 第六节　稻渔生态系统种养生产日常管理措施

## 一、保持水深

养鱼稻田水位水质的管理，既要服务于鱼类的生长需要，又要服从于水稻生长要求"干干湿湿"的环境。要根据水稻在不同生长阶段的特点，进行水深调节，在不影响水稻生长的情况下，水越深越好。水稻生长初期，浅水能促使秧苗扎根、返青、发根和分蘖，水深以 6～8 厘米为宜；中期正值水稻孕穗期，需要大量水分，水可加深到 15～18 厘米；晚期水稻抽穗灌浆成熟，要经常调整水位，但一般应保持水深 12 厘米左右。

养鱼早期鱼小，田水不必过深，可以浅灌；后期鱼大，鱼的游动强度加大，食量也增加，水需要较深，才能适于鱼类生活。亩产鱼 100 千克的鱼坑水深应保持在 1.0～1.5 米。要灌水得当，才能有利于稻鱼生长，促进稻鱼双丰收。

当水稻需晒田时，将水位降至田面露出水面即可，晒田时间要短，晒田结束随即将水位加至原来水位。若水稻要喷药治虫，应尽量在叶面喷洒，并根据情况更换新水，保持良好的生态环境。

## 二、田间管理

### （一）防逃除害，坚持巡田

养鱼稻田要有专人管理，坚持每天检查巡视两次。田间常有黄鳝、田鼠、水蛇等打洞穿坝，还会捕捉鱼类为食，因此，一旦发现其踪迹，应及时消灭。另外，还要及时驱赶、诱捕吃鱼的水鸟。稻田的田埂和进水口、排水口的拦鱼设施要严密坚固，经常巡查严防堤埂破损和漏洞。时常清理进水口、排水口的拦鱼设备，加固拦鱼设施，发现塌方、破漏要及时修补。经常保持鱼沟畅通。尤其在晒田、打药前要疏通鱼沟和鱼坑，田埂漏水要及时堵塞修补，确保鱼不外逃。暴雨或洪水来临前，要再次检查进水口、排水口拦鱼设施及田埂，防止下暴雨或行洪时田水漫埂、冲垮拦鱼设施，造成大量逃鱼。

## （二）晒田

插秧或抛秧的养鱼稻田一般不用晒田，因为水稻芽期和立针期都已在苗床度过，分蘖末期可以用提高水位控制无效分蘖，不用晒田。直播田和撒播田或因为治病、灭草、除虫等其他因素必须晒田时，要把水缓缓放出，使鱼归入鱼沟或者鱼坑内，晒田后要及时灌水，确保鱼类安全。

## （三）施肥

在稻田中施肥是促进水稻增产的重要措施，而稻谷需要的氮肥、磷肥、钾肥等肥料，同时也含有养殖鱼的饵料生物、浮游生物和底栖生物所需要的营养物质。所以稻田的肥料多少，直接影响鱼类的饵料数量，二者利害一致，没有矛盾。但在施用化肥时要注意肥料的种类和数量，否则可能会因施用不当造成鱼类中毒死亡。

稻田养鱼施肥原则是施足基肥，减少追肥。以基肥为主，追肥为辅；以有机肥为主，化肥为辅。

稻田养鱼后，由于鱼类排泄物较多，在一定程度上起到了增肥作用，使得土壤中的氮、磷、有机质含量有不同程度的上升，所以养鱼稻田的肥料施用量要相对减少。一般基肥占全年施肥量的70%，追肥占30%左右。

用化肥做底肥时，一般可在整田前选用每亩10千克碳酸氢铵和10千克过磷酸钙混合施入田中，然后翻平耙田，隔5～6天后插秧，10天后放鱼，对鱼无害。

施追肥时，每次每亩安全用量分别为尿素或碳酸氢铵5～7.5千克，硫酸铵10～15千克，过磷酸钙5～10千克，氨水25千克。氯化铵对鱼类生长不利，应少施或不施。

施用化肥的方法要适当，并严格控制每次的施用量，先排浅田水，使鱼集中到鱼沟或鱼坑中，然后再施肥，让化肥沉于田底层，并为田泥和水稻所吸收，此后再加水至正常深度，这样对养鱼无影响。

## （四）水稻病虫防治

水稻常见病害有纹枯病、稻瘟病、褐条病、条纹叶枯病、稻曲病、白叶枯病等。目前主要的防治方法有两种：

（1）综合防治。养鱼的稻田要尽量少用或不用化学农药防病治虫，尤其是剧毒农药更不能应用，如敌枯双、1605、666混合粉、苏化203、甲六粉、敌六粉、223乳剂等。从种子处理、育秧就要采取培育无病壮秧、作物合理轮作布局、提高栽培技术等综合措施。一方面，营造不利于病虫发生的环境条件，同时增加稻体抗性，以减轻或消灭病虫危害。另一方面，利用所养殖的鱼类治虫，也是一个很好的方法。例如，在稻飞虱大量产生时，用竹竿、绳索等工具将稻株上的飞虱打入水面，供鱼摄食；也可将田间水位短期升高，缩短稻株上稻飞虱与水面的距离，使浮到水面的小鱼能跳跃捕食，从而减轻稻飞虱的危害。

（2）药剂防治。在养鱼的稻田里，防治水稻病虫害的化学农药主要有：多菌灵、井冈霉素、杀虫脒、杀虫双、叶蝉净、稻瘟净、叶枯净、春雷霉素等。在使用药物时，一定要选用对鱼类低毒的农药，施药时采用喷雾的方法进行，细喷雾或弥雾，减少雾滴淋落到田水中。

喷药时灌深田水 6 厘米以上，减少对鱼的毒害，或放浅田水，让鱼集中在鱼坑鱼沟后再喷药。

施药时间要掌握好，粉剂要在早上露水未干前施，雾剂则要在下午 4 点后进行。

### （五）鱼病防治

稻田养鱼由于生态系统良好，养殖的鱼类很少发病。稻田养鱼的病害防治应以预防为主。

在鱼种放养时，必须用 3％～5％食盐水浸洗 3～5 分钟，以杀灭可能携带的病原菌，减少养殖过程中疾病的发生。

养殖期间发生严重鱼病时，可缓缓排水，将鱼逐渐赶到鱼沟鱼坑内，待鱼沟内的水位同田面相平时，停止排水。根据病情对症施药，细菌性疾病如肠炎、烂鳃、赤皮瘟等，按连通的鱼沟鱼溜水量计算，漂白粉用量为 1 克/立方米，化成溶液全沟泼洒；寄生虫引起的疾病可施晶体敌百虫（90％），每立方米水体 0.5～0.7 克，化成溶液后全沟泼洒；鲤锚头蚤病严重时，施敌百虫，同时，可投喂少量的酒糟。施药 2～3 天后，将稻田灌到原有水位。

### （六）田鱼收获

秋季稻田放水时开始捕捞，一般在水稻收割前 7～10 天进行。首先将鱼沟疏通清理，然后再缓缓放水使鱼逐渐集中在鱼坑内，用抄网将鱼捞出。也可以采用在排水口安淌箱的方法将鱼捕出。

如果起捕的是鱼种，应尽快运往越冬池，入池前要先放入网箱，清出鳃内污泥和剔除病鱼，然后用 3％～5％的食盐水消毒。在起捕运输过程中要精心操作，用手抓鱼时戴手套，以免鱼受伤或黏液、鳞片脱落，影响越冬成活率。鱼种入越冬池后要投饵进行后期饲养。

## 第七节　环境因子对稻田养鱼系统的影响

稻渔生态系统与常见的其他生态系统一样，一般是由四个因素组成，即非生物环境、生产者、消费者和分解者。那么，非生物因子又和养鱼有什么关系呢？老话说："鱼儿离不开水"，非生物因子中最重要的物质之一就是水（万物之源）。第一，有鱼的地方自然有水，可以说没有水，也就没有鱼。这不仅仅因为水是鱼类的生活环境，而且它也参与其整个生命过程。第二，我们还发现，水是很好的溶剂，在自然水体中溶解有众多生命过程所必需的无机物质和有机物质，这对于水中生物的生长发育具有极为重要的意义。第三，鱼类维持生命的氧气也必须溶解于水中才能被鱼类利用。第四，水是浮游生物的"培养基"和载体，能够直接生产出浮游植物，不仅是鱼类良好的天然饵料，而且浮游植物是水中溶解氧的重要生产者。第五，水可以调温。它的这一特点在稻田养鱼中显得十分重要。水的比热非常大，每千克水升高 1 ℃，就需要吸收 4.186 焦热量，降低 1 ℃，就需要放出 4.186 焦热量。同时，由于水的导热率低，热量的吸收或散失过程都很慢。另外，我们发现水在蒸发和结冰时又有调节热量的作用，使得水的温度能保持比较稳定。第六，投饵、施肥也必须通过水作为载体才能被鱼类利用。第七，水的运动性。水是经常处于各种形式的运动状态，包括径流、波浪、对流、渗漏、蒸发等。

我们发现当水在水平、垂直运动时，水中的气体、盐类和热量会向深水层传递，这样就能够均匀地分布，使生物代谢活动的废物扩散。促进水环境得以周期性循环更新。水的流动也将动植物的孢子、卵和幼体传播，有利于它们的繁殖和均匀分布，也有利于水生动物的呼吸和获取食物。除了水是非生物因子之一，其他还包括土壤、大气、阳光、底质、气温、水温、光照度、透明度、色度、浊度、悬浮物、电导率等物理因素和溶解氧、氢离子浓度（pH）、盐类（如硫酸盐、硝酸盐、铵盐等）、硫化氢（$H_2S$）、甲烷（$CH_4$）、二氧化碳（$CO_2$）等化学因素。

## 一、气候条件

### （一）温度

温度是影响水稻生长发育重要的气候因子。种稻谷必须在适宜温度下才能发芽。在适合发芽的最低温度到最适温度之间，随温度的升高，萌发过程加快。水稻发芽所需温度，较一般禾谷类作物高。在我国，不管南方还是北方，最适温度一般都在 10～12 ℃。有研究表明，当温度较低时，不宜播种，虽在较低温度下种谷仍可发芽，但会影响发芽速度和发芽率，极易造成出苗不齐，增加呼吸基质的消耗，降低胚乳转化效率，有碍壮苗。根据实际生产经验，多主张高温（30 ℃）"破胸"，适温（25～29 ℃）促芽，低温晾芽（20 ℃左右）。

从种谷发芽后至三叶期，在适宜温度下，平均两天长出 1 片叶。叶的纵向生长温度以 31 ℃为最适宜，若温度再升高，生长变缓慢；而气温低于 7 ℃或高于 40 ℃时，叶片停止生长。研究表明，水温影响大于气温。水温越高，出叶周期所需的总积温数越少，出叶间隔期也越短；在持续低温条件下，因生长速度慢，导致推迟生长发育和延迟出穗。在水稻分蘖期，水温较气温更为重要，这可能是因为早期的生长点浸于水中的缘故。分蘖发生的最低水温为16℃，最适水温为32～34℃，最高水温为40℃；在适宜温度范围内，温度越高，分蘖发生越早，数量越多。

在水稻幼穗分化期，幼穗发育的温度较茎叶敏感，特别是进入穗分化第8期，所有水稻出穗的速度几乎都与当时的气温呈正相关。即温度越高，出穗越快，所需天数也越少。幼穗发育的临界温度为18℃，低于该温度，即停止发育。

水稻灌浆期需适宜的温度和较大的温差。灌浆物质的运输和转移适宜的温度为21～30℃。而灌浆天数又往往与每日平均气温呈负相关，同时灌浆天数直接影响产量，所以在灌浆天数能满足的前提下，以趋向适温下限较适宜。

同时，水温也是影响养殖鱼类生长发育、代谢强度的关键性环境因素。在水温低时要满足快速生长就必须增加配合饲料的蛋白质含量，并保障蛋白质的用量，即要增加鱼粉、豆粕等优质蛋白质原料的使用比例；当水温较高时，可以适当降低配合饲料中蛋白质含量和配方中蛋白质的用量，即可以适当增加菜粕、棉粕的使用比例。鱼类快速生长的最佳水温在24～26℃，当水温超过30℃时鱼体的应激反应很强，生长也会下降。水温与鱼类体温的关系。在鱼类的生存条件中，水温占有重要的地位，鱼类属变温动物，大多数鱼类的体温与周围水温温差在0.1～1.0℃之间，因此，鱼苗或成鱼转换环境时要考虑温差应激。

水温对鱼类性腺发育和产卵也有一定的影响。罗非鱼及台湾泥鳅成熟亲鱼产卵开始的时间主要取决于水温的高低。虽然南北地区亲鱼产卵开始的时间先后相差比较悬殊，但水温却相差不大，一般都在23℃以上开始产卵。

水温与溶氧量有关，因而间接对鱼类有影响。水体的溶氧量随着水温的升高而降低。如在一个大气压下，0℃的溶解氧饱和度为14.62毫克/升，在20℃溶解氧饱和度为9.17毫克/升。但水温升高促使鱼类代谢增强，呼吸加快，耗氧量增加。加上其他耗氧因子的作用，池塘就容易产生缺氧现象，对鱼类产生影响。

水温对鱼类生存环境的影响。水温不仅直接影响鱼类生存和生长，而且通过水温对水体环境条件的改变，间接对鱼类产生作用。几乎所有的环境因子都受水温的制约。气温有季节性和昼夜变化，水温同样也有季节性和昼夜变化，这是众所周知的规律。由于水是热的不良导体，其由上往下传热很慢，上下水层水温垂直差异非常明显，一般可达2～5℃，于是上下水层密度不同，而形成密度流，使水体上下自行流动，即水的运动。高温期间，如遇天气突然改变，如闷热、雷暴雨等，到了夜间，表层水温下降快，会形成强烈的密度流，带动池塘底部腐败物上浮，大量分解消耗池塘溶氧量或产生毒物会造成浮头、泛塘事故，直接影响经济收入和效益。

水温对鱼类天然饵料的作用与影响。由于适宜的温度，水体中的细菌和浮游植物等生长繁殖迅速，细菌分解有机物质加快，促进了浮游动物的繁殖，这样就加快了池塘的物质循环，能为鱼类提供丰富的天然饵料，十分有利于鱼类的生长和发育。

水温对鱼类生长的影响。由于鱼类的代谢强度和体温的变化，直接影响到鱼类的摄食和生长。各种鱼类都有它适应的温度范围，在此范围内随着温度升高，鱼类的代谢相应加强，摄食量增加，生长也加快。主要养殖鱼类，如四大家鱼、团头鲂、鲫、鲤、台湾泥鳅等最适生长温度范围在 20～30 ℃之间，若在 10 ℃以下则食欲减退，生长缓慢。

水温对鱼类疾病的作用与影响。一般情况下水温每升高 10 ℃，药物毒性会增加 2～3 倍。如茶粕清塘消毒、杀菌时，用沸水浸泡，短期内碱性增强 10 倍左右。而全池泼洒用药时，温度高药量可相对减少一些，温度低时则需增加一些。另外，夏季暴发性鱼病的发生与水温较高有一定关系。而冬季水温偏低，鱼类常会有小瓜虫病发生。

### （二）光照

水稻的发芽与光照无关。但胚芽一经抽出后，会立即受到光的影响。在黑暗条件下，芽鞘异常伸长，这种情况在深播种或苗床覆土过厚的时候常会发生。如果黑暗时间持续过长，体胚轴上甚至一般不伸长的第 1、2 节间也会伸长。

叶片生长受光照影响很大，若光照不足，会直接减少叶绿素的形成，导致光合作用减弱，同化产物减少，引起叶片形态上的变化，严重时还影响到叶片的生存。在群体过分密闭的情况下，下层叶片大量枯死即是光照强度不足的反映。

在大田分蘖期，分蘖发生所需的同化物质在初期主要是靠主茎供应。在分蘖期间，主茎叶片的光合产物约有 1/3 会运入正在发育成长的小蘖。在光照不足的条件下，主茎叶片所制造的光合产物，首先为满足本身生存的需要，无力顾及到小蘖，会影响分蘖的发生，从而影响当年产量。光照对水稻开花、结实以及成熟都有很大影响。因此，光照在水稻的全生育期中起到了至关重要的作用。

光照条件是池塘水环境的另一项重要因素。它对鱼类生长发育和繁殖的影响主要表现在：一是光照对鱼类性腺成熟有重要影响。热带地区的鱼全年均可繁殖，而温带地区的鱼则只有在一定的季节才产卵，这在很大程度上同光照强度有关。有人对鲤科鱼类的光周期进行试验，证明了正常的昼夜交替是鱼类产卵的必要条件，而且产卵都是在无光照的夜间发生。也有试验证明，缺光会使鱼缺乏维生素，最终丧失生殖能力。二是光照是水体中能量的主要来源。水体中的绿色植物靠它进行光合作用补充水中的氧气，同时源源不断地提供鱼类的天然饵料，形成所谓的初级生产力。所以水中光照条件的好坏必然对鱼的产量起到相当大的作用。三是鱼类摄食与避敌需要视觉。光线的存在是一般鱼类视觉必不可少的条件。有些鱼在黎明或傍晚吃食或在此时的食量大得多，特别是肉食性鱼类最为明显，原因在于利用光线的强弱来进行捕食或避敌，这也说明鱼类视觉或与光照有关。

### （三）水分

水稻种子的萌发需要吸水。种子从外界吸收的水相当于种子干重的35％～41％时开始萌发。秧苗期缺水，秧苗不能正常生长，而在淹水条件下，秧苗将不生根毛或少生根毛。水稻移栽到大田后，根据实际生产经验，浅水层对分蘖有利。

水稻有效分蘖终止期以后要晒田，防止水分过多，抑制无效分蘖，这是协调水稻生长与发育、个体与群体、地上部与地下部、水稻与环境等各种矛盾的有效措施，是高产水稻栽培中的重要环节之一。

当水稻进入幼穗分化以后，代谢作用增强，叶面积逐渐增大，至出穗期达最高值，该时期是水稻全生育期生理需水最多的时期，严重缺水将影响水稻生长。但长期淹水特别是灌深水也不利于水稻生长。总之，水稻的全生育期大部分时间是生长在水中的，可见水分对其生长的重要性。

水体是鱼类赖以生存不可或缺的条件，没有水就没有鱼。稻田属浅水环境，夏季容易出现高温，所以稻田养殖的鱼类需耐浅水和高温环境。晒田前需缓慢放水，让稻田里的鱼集中在鱼沟和鱼坑中，避免因快速放水而造成水位迅速降低，出现死鱼现象。晒田后也要及时注水，保证鱼类生长与存活的环境。

## 二、水体和土壤理化因子

### （一）氮、磷、钾

氮、磷、钾对水稻的发育也有明显的作用，一般氮和钾延迟发育而磷促进发育。高氮处理则抽穗延迟；高磷处理则抽穗提早，缺磷处理抽穗延迟；钾的作用似氮而不如氮明显，即高钾处理延迟抽穗，缺钾处理提早抽穗。

进一步的研究表明：氮、磷、钾对水稻生育期的作用与其对茎生长点结构及代谢的影响有关。水稻的茎生长点在植物学上叫作茎的顶端分生组织，是由一群分生能力很强没有特化的细胞组成的。水稻茎生长点的层数随着水稻的生育进程而有变化。在胚中和刚发芽时，原套和原体两部分的组织分化还不明显。发芽后开始有1层原套，随着营养生长的进展，逐渐增加到2层，营养生长特别旺盛的个体可有3~4层。当植株从营养生长向生殖生长过渡时，原套层数又从2层减为1层而分化幼穗原基。此变化过程意味着茎生长点的结构和水稻的生理过程有关，结构上原套层数增加时，生理上营养生长占优势；结构上原套层数减少，原体细胞增加时，生理上生殖生长占优势。

根据试验观察表明，高氮处理的成层作用显然较对照组明显，原套层数平均可达2.5层左右，而高磷处理的成层作用削弱，平均为1.5层（对照层数为2层）。高钾处理的变化似氮，而不如氮明显。所以，氮、钾使水稻发育延迟是由于其使茎生长点的成层作用加强，在生理上营养生长占优势所致。而磷使水稻发育加速是由于其使茎生长点的成层作用削弱，在生理上生殖生长占优势所致。

氮对水稻的生理作用：在各种营养元素中氮素对水稻生殖生长和产量的影响最大，水稻不同生殖生长期各器官氮素含量不同。一般茎叶中的含量为1%~4%，穗中含量为1%~2%。蛋白质是生命的物质基础，氮是构成蛋白质的主要成分，占蛋白质含量的16%~18%。水稻中的核酸、磷脂、叶绿素及植物激素，某些维生素如维生素$B_1$、维生素$B_2$、维生素$B_6$等重要物质也都含有氮，所以氮素对维持和调节水稻生理功能具有多方面的作用。

氮素供应适宜时根部生长快，根数增多，但过量反而抑制稻根生长。氮素能明显促进茎叶生长和分蘖原基的发育，所以植株内氮含量越高，叶面积增长越快，分蘖数越多。氮素还与颖花分化及退化有密切关系，一般适量施用氮素能提高颖花光合作用，形成较多的同化产物，促进颖花的分化并使颖壳体积增大，从而可增大颖果的内容量，便于提高谷重。

缺氮症状通常表现为叶色失绿、变黄。一般先从下部叶片开始。缺氮会阻碍叶绿素和蛋白质合成，从而减弱光合作用和影响干物质生成。严重缺氮时细胞分化停止，多表现为叶片短小，植株瘦弱，分蘖能力下降，根系机能减弱。氮素过多时叶片拉长下披，叶色浓绿，茎徒长，无效分蘖增加，容易生长过度繁茂，致使透光不良，结实率下降，成熟延迟，增加后期倒伏和病虫害的发生概率。

磷对水稻的生理作用：水稻茎叶中磷的含量一般为0.4%~1.0%，穗部含磷量比较高，在0.5%~1.4%之间。磷是细胞质和细胞核的重要组成成分之一，而且直接或间接参与糖、蛋白质和脂肪的代谢，一些高能磷酸又是能量储存的主要场所。磷素供应充足，水稻根系生长良好、分蘖增加、代谢旺盛、抗逆性增强，还能促进早熟、提高产量。磷参与能量的代谢，存在于生理活性高的部位，因此磷在细胞分裂和分生组织的发育上是不可缺少的，幼苗期和分蘖期更为重要。水稻缺磷，植株往往呈暗绿色，叶片窄而直立，下部叶片枯死，分蘖减少，根系发育不良，生育停滞，常导致稻缩苗、红苗等现象发生，生育期推迟，严重影响产量。

钾对水稻的生理作用：水稻不同生殖生长期茎叶中钾的含量为 1.5%～3.5%，穗部含量较低，一般在 1% 以下。钾在植物体内几乎以离子状态存在，部分在原生质中处于吸附状态。钾与氮、磷不同，它不是原生质、脂肪、纤维素等的组成成分。但在一些重要的生理代谢过程如碳水化合物的分解和转移等，钾都起到触媒作用，能促进这些过程的顺利进行。钾还有助于氮素代谢和蛋白质的合成，所以施氮增多，对钾的需要量也就相应增加。钾对植物体内多种重要的酶有活化剂的作用。适量钾能提高光合作用和增加水稻内碳水化合物含量，并能使细胞壁变厚，从而增强植株抗病抗倒伏的能力。

缺钾时根系发育停滞，容易产生根腐病，叶色浓绿程度与施氮过多时相似，但叶片比较短。严重缺钾时首先在叶片尖端产生黄褐色斑点，逐渐扩展至全叶，茎部变软，株高伸长受到抑制。钾在植物体内移动性大，能从老叶向新叶转移，缺钾症先从下部叶片出现。钾不足时淀粉、纤维素、碳水化合物含量减少，水稻处于繁茂遮阳或光照不足的条件下，增施钾肥后生长大多可以得到改善。

氮在水体中以氮气、游离氮、离子铵、亚硝酸盐、硝酸盐和有机氮的形式存在。其中游离氮和离子铵被合称为氨氮。水体中只有以 $NH_4^+$、$NH_2^-$ 和 $NO_3^-$ 形式存在的氮才能被植物所利用。水体中不能被浮游植物所利用而相对过剩，并且对池鱼产生危害，超过国家《渔业水质标准》的那部分氮称为"富氮"。水体中"富氮"对鱼的危害。水体中对鱼有危害作用的主要物质是氨氮和亚硝酸盐，我国水质标准规定氨氮应小于 0.5 毫克/升，亚硝酸盐应小于 0.2 毫克/升。氨氮由 $NH_4^+$ 和 $NH_3$ 两部分组成，其中 $NH_3$ 对鱼类有毒性，$NH_4^+$ 对鱼类无毒性。两者在氨氮中所占百分比由 pH、温度、盐度等因素决定。pH、温度、盐度升高，都会引起氨氮中 $NH_3$ 比例增加，加重水体对鱼的毒性。

鱼类排泄物和残饵经过长期积累，将会造成养殖水体中总氮和总磷水平过高，一旦超过了养殖水体的自净能力，就会形成富营养化。养殖水体的富营养化主要表现在水体中浮游藻类数量迅速上升，而种类却在不断减少，浮游藻类中以绿藻和蓝藻为主，当富营养程度较为严重时，蓝藻将成为优势种类，并迅速繁殖形成水华，造成养殖水体生物耗氧量大幅度增加，水中溶解氧降低。另外，大量的有机氮和溶解磷会在底泥中沉积，从而增加了水体底泥的耗氧量，并可能导致缺氧。在缺氧的情况下，会造成底泥的化学特性和底栖的动物群落结构发生变化。此外，底泥中还会释放出硫化氢和 $NH_3$，水体底层原有的生态环境将会遭到破坏，对渔业生产造成危害。

钾也是水产动物必需的矿物元素之一，在许多生理活动过程起着十分重要的作用，它同钠、氯等元素一起作为体液中的电解质，参与维持体液的渗透压和酸碱平衡、保持细胞形态、供应消化液中的酸和碱。它还与钙、镁、钠等矿物元素一起作用，维持神经和肌肉的正常敏感性、参与碳水化合物的代谢过程。

钾作为常量元素，对水产动物营养和生理机能有着重要影响，钾缺乏会导致鱼类出现厌食现象，饲料效率下降，从而导致生长缓慢。而钾过量时不仅会造成不必要的浪费，还会抑制鱼类的生长。

### （二）溶解氧

水稻属于泽生植物，大部分生育阶段都处于淹水环境，特殊的生长习性决定了稻田氮素转化和水稻氮代谢与其他大田作物的差异性。溶解氧作为重要的非生物因子，在稻田生态系统中扮演着重要角色。水体中溶解氧含量对水稻的生长、耕层中氮磷的转化以及灌溉水的大气复氧、耕层环境的更新等都会产生直接或间接的影响。

水中溶解氧含量对水稻幼苗生长的影响最为明显。根据试验，水稻种子在湿润的环境中才能发芽生长，在缺氧的情况下，种子只是幼芽生长，幼根和叶子并不生长。在无氧条件下，种子萌发后第5天才开始出现主根，主根生长非常微弱，同时，胚根鞘上发育出的根不生根毛，主根上的根毛也不发达，且无侧根和侧根原基。

缺氧条件下，会产生有机酸和硫化氢等还原性物质，受有机酸毒害的幼苗，根系萎缩，新根很少，严重时根系表皮脱落，甚至发生根腐，下部叶片发黄枯死。受硫化氢毒害的幼苗整个根为黑色，白根小而细弱。同时还会抑制根系对无机盐离子的吸收，此时秧苗常有缺钾和磷的症状。

在水稻分蘖期，由于通气组织发达，茎叶可将其吸收的50%以上的氧气运至水下根系，浮根吸收的40%～47%的氧气会运至密层根系，这对深根呼吸有一定作用。但在水稻分蘖期，根系对有机酸抗性最弱，严重缺氧时，由于硫化氢和有机酸与根系接触，根对铁的排出机能受到破坏，低铁离子就会进入水稻植株内产生毒害作用，这时水稻叶身出现赤斑点，呈赤枯症状；同时还会抑制根系对无机盐离子的吸收，使水稻分蘖期出现缺钾、磷症状。

在水稻灌浆期，由于茎叶的通气组织通道被破坏，就要从土壤中获得氧气，以维持根系正常的生命活动。缺氧引起的还原反应所产生的硫化氢、有机酸、甲烷等还原性物质，可使根系对养分的吸收能力下降，同时，根系由于厌氧呼吸，积累的二氧化碳可通过根和茎到达叶面使气孔关闭，引起植物蒸腾作用减弱，茎叶萎蔫，不利于叶片的光合作用。此外，硫化氢还会被水稻吸收，直接对幼穗产生不良影响。

当灌溉水中溶氧量很低或无氧，且大气复氧速率小于水体耗氧速率时，就会使土壤处于缺氧状态，这对水稻耕层中肥力的保持将会产生显著的影响。水稻根际层在缺氧条件下，当碳水化合物氧化时，厌氧微生物就会利用硝酸盐作为电子受体，氧化葡萄糖或醋酸，使硝酸盐转为氮气，造成氮素损失。

由于水稻耕层缺氧处于还原状态，会使磷的可给态增加。一方面，由于耕层中磷酸高铁被还原成易溶解的磷酸亚铁，而有利于水稻的吸收；另一方面，磷酸高铁、磷酸铝中的磷酸根可被其他阴离子所置换，同样增加磷的溶解性。此外，细菌所产生的硫化氢能同磷酸亚铁反应，生成硫化亚铁沉淀并释放出磷供水稻吸收利用。因此，水稻耕层的厌氧还原状态，对磷的吸收利用是有利的。

溶解氧通常除了被水中硫化物、亚硝酸根、亚铁离子等还原性离子消耗外，也被水中微生物的呼吸作用以及水中有机物质被好氧微生物的氧化分解所消耗，所以溶解氧是水体的"资本"，是水体自净能力的体现。水体受有机物及还原性物质污染可使溶解氧降低，对于水产养殖业来说，溶解氧对于水生生物生存有着至关重要的影响，当溶解氧低于 4 毫克/升时，就会引起鱼类窒息死亡。当溶解氧消耗速率大于氧气向水体中的溶解速率时，溶解氧的含量可趋近于 0，此时厌氧菌得以繁殖，使水体环境恶化，所以溶解氧高低可以反映出水体受到的污染程度，特别是有机物污染的程度，它是水体污染程度的重要指标，也是衡量水质的综合指标。

一般养殖水体的溶解氧应保持在 5～8 毫克/升，最低也要保持 3 毫克/升，低于此值就会发生鱼虾泛塘死亡。在养殖过程中，水体轻度缺氧虽不致鱼虾死亡，但也严重影响其生长速度，使饵料系数提高，生产成本增加，养殖效益下降。

溶解氧是鱼类赖以生存的必要条件，而水中溶氧量的多寡对鱼类摄食、生长和饵料利用率均有很大影响。溶氧量 5 毫克/升以上时，鱼类摄食正常；当溶氧量降为 4 毫克/升时，鱼类摄食量下降 13%；当溶氧量下降至 2 毫克/升时，其摄食量下降 54%，有些鱼甚至难以生存；下降到 1 毫克/升以下时，鱼类停止吃食，生长速度减慢，抗病力下降，发生鱼生病和鱼死亡现象，这就是经常浮头的池塘饵料系数高的原因。

溶氧量充足还可以改善鱼类栖息的环境，降低氨氮、亚硝酸盐氮、硫化氢等有毒物质的浓度。但并不是水中溶氧量越高越好。当池水中溶氧量饱和度达 150% 以上，溶氧量达 14.4 毫克/升以上时，易引起鱼类气泡病。因此，适宜的溶氧量对于养殖鱼类生存、生长和饵料利用等都非常重要。

（三）pH

土壤酸碱性是影响土壤养分有效性的重要因素之一，而土壤养分有效性大小与肥料的吸收利用率关系密切；中性土壤养分有效性最高，对肥料利用率最大。土壤酸碱性是影响土壤养分有效性的重要因素之一。大多数土壤 pH 在 6.5～7.0 时，土壤养分的有效性最高或接近最高。

水稻是喜酸作物，水稻幼苗适宜在土壤 pH 4.5～5.5 的偏酸性条件下生长。床土调酸就是创造酸性土壤环境，可以提高水稻种子萌发的生理机能，提高育苗土壤中磷、铁等营养元素的有效性和幼苗根系的吸收能力。并能抑制立枯病菌的增殖（解决外因方案之一）使水稻根系发达、白根多（解决内因方案之一）提高秧苗品质，从而达到壮苗抗病的目的。

水稻田的 pH 应该在 6.0～7.5 之间。因为在这个范围内植物所需的养分在土壤中有效性最高，有利于植物吸收利用。pH 在 5.5 以下，不利于钙和镁的吸收。若 pH 过高或者过低，都不利于植物生长，植株容易出现缺素症状、生长受阻、幼叶变黄、叶缘干枯或焦枯、毛细根腐烂等现象。

鱼类最适宜在中性或微碱性的水体中生长，其 pH 为 7.8～8.5。但在 pH 6～9 时，仍属于安全范围。不过，如果 pH 低于 6 或高于 9，就会对鱼类造成不良影响。

鱼类在养殖过程中，如果 pH 过高或过低，不仅会引起水中一些化学物质的含量发生变化，甚至会使化学物质转变成有毒物质，对鱼类的生长和浮游生物的繁殖不利，还会抑制光合作用，影响水中的溶氧状况，阻碍鱼类呼吸。

如果 pH 过低，鱼类生活在酸性环境中，水体中磷酸盐溶解度受到影响，有机物分解速率减慢，物质循环强度降低，使细菌、藻类、浮游生物的繁殖受到影响，而且鱼鳃也会受到腐蚀，使鱼的血液酸性增强，降低耗氧能力，尽管水体中的含氧量较高，但鱼会浮头，造成缺氧症，还会使鱼不爱活动，新陈代谢急剧减慢，摄食量减少，消化能力差，不利于鱼的生长发育。

同时，偏酸性水体会引发鱼病，导致由原生动物引起的鱼病大量发生，如鞭毛虫病、根足虫病、孢子虫病、纤毛虫病、吸管虫病等。如果 pH 在 5～6.5 之间，又极易导致甲藻大量繁殖，对鱼的危害也较大。

pH 对鱼类繁殖也有影响。pH 不适宜，亲鱼性腺发育不良，阻碍胚胎发育。若 pH 在 6.4 以下或 9.4 以上，则不能孵出鱼苗。若 pH 过低，可使鱼卵卵膜软化，卵球扁塌，失去弹性，在孵化时极易提前破膜。若 pH 在 5～6.5 之间，又遇适宜的温度条件（22～32 ℃），饲养的鱼种还极易得"打粉病"。

当 pH<6.5 或 pH>7.5 时，鱼类 T 淋巴细胞转化率下降，免疫功能减弱；pH 偏高，水体氨氮毒性增强；pH 偏低，水体亚硝酸盐、硫化氢毒性增强。土壤的 pH 决定水体 pH，定期向水体施用适量的生石灰，可以使 pH 偏低的水质转向弱碱性，并可补充钙质，维持水体总碱度的稳定。

### （四）肥料

**1. 无机肥料** 氮肥对于水稻的生长及发育具有重要作用，同时也影响稻米的品质。科学合理地施用氮肥，能避免水稻植株倒伏、产量下降、品质降低等现象的发生，进而保证水稻的米质及产量。植株在其他条件适宜且缺氮情况下增施氮肥，促进氮含量增加，光合酶活性增强，从而使光合强度增强3～4倍，进而促进作物生长。植株叶片、穗、茎鞘的干物质积累量也随之上升，当达到一定值时，会略有下降。合理施用氮肥能增加有效穗数和粒数进而提高产量。实验证明，氮素的不利作用是增加瘪粒，降低千粒重。氮素对稻米的品质也有影响，对不同品种的作用效果也不尽相同。水稻孕穗期追施氮肥可明显提高整精米率。

磷对水稻的影响略小于氮远大于钾，是构成生物大分子的重要成分。磷肥合理施用，稻苗根系发育完善，分蘖增加，代谢加快，抗逆性良好，并有促进提早结实和增产的作用。施适当磷肥可促进水稻单位面积有效穗数、颖花数、干物质产量、磷肥生产力的增加以及叶面积指数和磷肥利用率的上升。磷肥的用量与稻米垩白大小呈极显著的负相关，施磷量对稻米垩白面积的影响远大于氮肥和钾肥。氮肥和磷肥合理配合施用，直链淀粉含量降低。磷肥和钾肥合理混合施用，增加产量和籽粒淀粉含量。

钾在植株体内几乎以钾离子形式存在，在生理代谢上起着重要的作用。钾素有利于碳水化合物转化，还可以加速氮素的代谢过程，需钾量随氮肥施用量增多而增多。水稻在氮素充足条件下施用钾肥可使植株抗倒伏能力提高，产量增加和品质改善。还有利于水稻各生长阶段器官的生长，在一定程度上提高了水稻的分蘖能力。虽催生了大量分蘖，实际却导致了大量冗余生长，在一定范围内增加了成穗率，但增穗效果有限。钾能增加籽粒的淀粉含量来提高水稻的成熟品质。氮肥和钾肥合理配合施用可增加蛋白质含量，改善营养品质。此外，施钾肥可预防纹枯病、胡麻叶斑病等，以防因病虫害致使水稻减产和品质下降。

微量元素对稻米品质的改良和产量的提高也有一定的作用。微量元素肥料主要包括硼肥、锌肥、钼肥。锌、硅或锌、硅、硼经过合理配合施用都能增加蛋白质含量，并使稻米的胶稠度变长，米质松软，整精米率也有所提高。微量元素是大多数酶的辅助因子，这些元素以离子形式存在并能将酶激活，诱导调节水稻生长发育和授粉。钼、硼合理混合施用能促进花粉的形成和种子萌芽，光合作用增强，有助于碳水化合物运转。铜是抗坏血酸氧化酶的辅助因子，能加速水稻光合作用和呼吸过程中物质的氧化进程，抑制叶片衰老，提高光合效率，促进糖类和蛋白质的合成，从而改善稻米品质。

养鱼生产中通过施用无机肥，直接培肥水质，促进水中浮游生物生长繁殖，提高水体初级生产力，为鱼类生长提供充足的天然饵料。随着渔业生产的迅速发展，用无机肥养鱼越来越普遍。实践证明，利用无机肥养鱼不仅为解决养鱼饲料开辟了新的途径，而且充分显示了其增产、降低成本、安全可靠、省工、省力等多方面的优良效果。

施用无机肥主要是培养水中的浮游生物，而水中浮游生物的大量繁殖又取决于氮、磷、钾元素的补充。由于养鱼水体一般不缺钾，因此养鱼生产中常用的无机肥主要是氮、磷两大类。

氮是水中浮游植物的主要营养元素之一，是合成浮游生物蛋白质的重要成分，它能促进浮游植物体内叶绿素的形成，提高光合作用强度，加速浮游植物繁殖，提高浮游生物产量。生产上常用的氮肥主要有尿素（含氮 45%～46%）、碳酸氢铵（含氮 17%）、氨水（含氮 16%）、硫酸铵（含氮 20%）、硝酸铵（含氮 33%～35%）、氯化铵（含氮 24%～25%）等，除氨水外其余均为白色晶体，都易溶于水，吸湿性大，都是速效肥料，但要妥善储存，避免受潮损失肥效。

磷是浮游植物生长繁殖不可缺少的元素，施磷肥不仅能满足浮游植物大量繁殖的需要，而且能加速水中固氮细菌和硝化细菌的繁殖，促进氮的循环，增加水中天然饵料。常用的磷肥主要有磷酸钙（含五氧化二磷 16%～18%）、重过磷酸钙（含五氧化二磷 30%～40%）两种，所含磷元素易溶于水，生成磷酸根离子，施入水中后能很快被浮游植物吸收利用。但也有一部分磷会被水底淤泥吸附，有的生成不溶性的盐类，有的逐步被释放出来供植物利用，在施肥 2～3 年内仍有一定肥效。

**2. 有机肥料** 有机肥能提高水稻产量和氮肥利用率，并能改善稻米的品质。有机肥中含有的氮、磷、钾、钙、镁等元素是植物生长发育过程中所必需的，同时含有植物生长调节物质以及维生素、半纤维素、氨基酸、胡敏酸类等有机物质，在供应作物生长、提高土地保墒能力和土壤肥力方面有着重要的作用。施用有机肥可以增加水稻的有效穗数，从而提高水稻的产量，并能降低水稻的直链淀粉含量，从而提高水稻的品质。

池塘中施用有机肥，能够直接培养水中的各种腐生微生物，如细菌，这些腐生微生物是浮游动物的良好饵料，因此施用有机肥后能间接增加水中浮游动物的含量，艾桃山等利用发酵鸡粪和发酵菜粕培养轮虫发现，与对照组相比，水体中加入发酵鸡粪和发酵菜粕能显著增加水中轮虫的数量，且在发酵鸡粪和发酵菜粕配比为 80∶20 时效果最佳。

池塘中浮游动物是滤食性鱼类的主要饵料，因此水中浮游动物数量增加，也会使鱼类产量增加。池塘中施用有机肥不仅能增加水中浮游动物数量，也能增加水中浮游植物数量，有机肥培养的细菌，将有机肥中含有的有机物分解转化为浮游植物可利用的无机盐等简单化合物，浮游植物利用这些无机盐大量繁殖，浮游植物可作为浮游动物的饵料，也可直接作为滤食性鱼类的饵料。有机肥能够增加水中浮游植物的种类，其中养殖鱼类能利用的种类占绝对优势，且水中叶绿素 a 含量随有机肥的施用显著增加，表明有机物的施用能使水中浮游植物密度增加。

施用有机肥也能使得池塘中浮游植物的生产率显著提高，有机肥产生的腐屑也可直接被鱼类利用。同时，施用有机肥在水产养殖中也存在一定问题。一是长期使用有机肥养鱼，经一定时间积累后，未被细菌分解的有机物沉入塘底形成塘泥，但当塘泥厚度大于 20 厘米时，会对鱼类的生长产生威胁，塘泥过多会直接降低池塘蓄水能力；塘泥也是大量病原微生物藏匿之地，塘泥过多，大量病原微生物滋生，鱼体抵抗力稍有下降，鱼会发生疾病；此外，塘泥也会消耗大量氧气，使池塘中含氧量下降，严重时导致泛塘。二是有机肥施加至养鱼池塘后，其降解过程需要消耗大量氧气，高温季节更加严重，大量施加有机肥会使得鱼塘中的氧气含量迅速降低，导致氧化反应不彻底，产生对鱼类有毒有害的物质，严重影响养殖鱼类的生存和生长，同时有机肥加入过量也会直接导致鱼类窒息死亡。三是许多养殖户为了方便直接将未经处理的有机肥投入养殖水体，给养殖鱼类带来严重的威胁。未经处理的有机肥含有许多寄生虫、虫卵以及大量病菌，当养殖鱼类抵抗力稍有下降，病菌和寄生虫就会侵袭鱼类，使鱼类产生疾病。四是有机肥能使养殖水体维持在一定的透明度，且为养殖鱼类提供天然饵料，但过量使用有机肥，会使水中氮、磷含量迅速增加，浮游植物含量增加，导致水体富营养化，当养殖用水排入江河中时，会对江河水环境产生影响。

## 三、生物因子

### （一）病虫害

水稻病虫害在苗期、返青分蘖期、拔节孕穗期、抽穗扬花期、灌浆结实期等整个生长、发育阶段均可发生，其中拔节孕穗后出现的病虫害对其品质的影响最为明显，主要表现在以下两个方面：一是稻谷直接受病虫害危害，形成虫蚀粒、病斑粒和生霉粒等，使稻米的亮度、透明度降低，做出的米饭有异味。除影响外观、色泽和味道外，有些病害如稻曲病会产生绿核菌素、稻曲菌素等毒素物质，不仅会引起人畜呕吐，而且对胃、肝脏、肾脏等器官均有毒害作用，严重影响稻米的品质安全。二是水稻上部功能叶在受白叶枯病、细菌性条斑病侵染或稻纵卷叶螟等害虫取食后，光合速率降低，影响稻米中碳水化合物、蛋白质等干物质的合成。研究表明，籽粒灌浆所需的干物质，约有 80%是抽穗后形成的，而水稻后四片叶对干物质积累的贡献度最大，其中剑叶为

52%，倒二叶为 22%，倒三叶为 7.7%，倒四叶为 17.7%。此外，纹枯病、穗颈瘟、二化螟、三化螟、飞虱等病虫害还会危害水稻茎秆、穗颈、穗轴及枝梗，造成光合产物无法有效转运到穗部或籽粒，影响幼穗分化和灌浆。因此，光合同化产物的合成、积累以及向籽粒的运输受阻，导致籽粒不良、空秕粒增多、垩白粒率上升、千粒重降低，糙米率、精米率和整精米率下降，严重影响稻谷的商品价值；不仅如此，穗期病虫害还会影响食味品质的相关理化指标，随着病虫危害程度的增加，稻谷的直链淀粉含量、碱消值有增加的趋势，蛋白质含量略有升高，而胶稠度降低，这些性状的改变都会影响食味品质，造成稻米的适口性变差。

鉴于病虫害对稻米食味品质产生的不良影响，在水稻种植过程中必须注重病虫害防治。目前，水稻病虫害防治仍然主要依赖防效好、见效快、成本低的化学农药。然而，大多数化学农药都会对水稻生长产生不同程度的影响。要生产出优良食味、健康安全的高品质稻米，要充分利用品种抗性，采取生态控制、农业措施、生物防治、物理防治、科学用药等环境友好的措施来控制病虫害发生，有效减少化学农药特别是高毒、高残留农药的使用，提高病虫害防治效果，保证稻米的食味品质和食用安全。

将鱼类养殖在稻田中可以很好地对水面上的害虫进行清理。和以往的种植模式相比，这一种植模式可以很好地减少农药的使用量。但是因为田中病虫害种类较多，病虫害出现的情况也是非常的复杂，物理、生物等方法在治理中并不能完全地代替农药。

### （二）微生物

随着我国绿色农业的蓬勃发展，微生物肥料在农业生产中越来越受到人们的重视。微生物肥料是一种新型肥料，不仅能增强土壤肥力，还能改善农作物品质，在绿色生态农业生产中发挥着越来越重要的作用。微生物活动产生的胞外多糖，能够促进作物根系周围土壤团粒结构的形成，使得土壤性状得到改善，促进根系发育，增加作物抗性，从而促进作物生长、改良土壤和增产增收。

微生物菌肥具有促进水稻根系发育、叶片早发，增加光合叶面积的作用。应用"沃土特"抗菌肥加"生物多抗1号"，施用方便，对水稻安全，能够有效促进水稻生长，增强其抗病虫害的能力；将解磷菌的植酸酶基因导入植物体内，能促进植物生长；施用微生物肥料的水稻增产效果明显。

微生物是稻渔生态系统中的分解者，可分解残饵、粪便以及浮游动植物残体等有机污染物，使之矿化成营养盐，供水稻和藻类等吸收利用。稻渔生态系统中微生物的种类和数量尤其是底泥微生物的种类和数量不同，对有机质的分解能力、分解途径和最终产物不同，好氧微生物对有机质进行完全分解，而厌氧微生物对有机质进行不完全分解，产生硫化氢等有害物质，恶化水质，影响养殖动物正常生长发育。

微生物和藻类是池塘众多生态因子中最为关键的两大因素，微生物种群和数量与藻类种群和数量是密切相关的，微生物通过其分泌物的直接作用或通过其代谢产物营养盐化学状态和浓度的间接作用而影响藻相。微生物具有杀藻、抑藻、有效降低藻毒的作用，且存在种间选择性，同样，藻类通过对水体溶解氧的影响进而影响微生物生长，溶氧增高，能促进底泥好氧微生物繁殖，加速有机物的分解和矿化，维持稻田良好的生态环境。

微生物对有机污染物的分解能力，对提高养殖产量，减少疾病发生，降低养殖成本，实现水产养殖的可持续发展有着十分重要的意义。

# 第三章

# 常见品种稻田养殖技术

## 第一节　稻田鲤养殖技术

鲤是我国稻田养殖最早也是最常见的养殖品种，我国第一个全球重要农业文化遗产保护试点的浙江省青田县稻渔共生系统就是养殖鲤。由于我国各地气候特征、地理条件、生活习惯等不同，养殖的鲤品种也不尽相同，如浙江的瓯江彩鲤、广东的华南鲤等，还有就是一些鲤的地理种群，各地俗名也不一致。

### 一、稻田的选择

养鱼稻田应水源充足，水质清新，周边无污染，排灌系统完善，田埂坚固，土质以中性、微碱性的壤土或黏土为好。稻田耕作层应深，保水、保肥力较强，不受旱涝影响。田面、鱼沟、鱼凼应可保持稳定水深。

### 二、稻田养鱼设施建设

**1. 疏浚灌、排水渠，加高、加宽、加固田埂**　疏通、加固养鱼稻田的灌、排水渠，确保其常年正常供水排涝。进、排水口应选择在稻田相对两角的田埂上，以便进、排水时形成环流水。田埂一般要加高至 0.4～0.5 米，加宽至0.3～0.4 米，土要夯实，有条件的可以用水泥砖石等砌成永久性田埂。

**2. 修建鱼沟、鱼坑**　鱼沟一般宽 0.6～1 米，深 0.5～0.6 米；鱼坑深 0.6～1米，面积一般 10 平方米左右。鱼沟、鱼坑的面积占稻田面积的 10% 以上，一般呈"十"字形、"丰"字形和"田"字形排列。鱼沟、鱼坑之间要互相连通，边堤可以用泥土堆成，也可用水泥砖石等砌成永久设施。

**3. 安装拦鱼栅**　拦鱼栅的作用是防止鱼逃逸，一般安装在进、出水口处。可以用聚乙烯网布、铁丝网、筛网、尼龙网等做成弧形拦栅，插入田埂15 厘米以上，左右两侧嵌入进、排水口田埂两边，拦栅凸面朝向田内，最好在进水口外边加设一道篱笆拦截垃圾并可防止田鱼跳跃逃逸。

### 三、清田消毒

对稻田进行清田消毒的主要目的是清除野杂鱼及敌害生物，消灭病菌。消毒药物可选用茶麸、生石灰、漂白粉或专用消毒药物。

采用生石灰消毒，每亩用 60～75 千克，兑水化开后全田泼洒。消毒后 5～7 天即可放养鱼苗。

采用茶麸消毒时要保留水深 10～20 厘米，每亩用量为 20 千克左右。使用前先将茶麸粉碎，用水浸泡一昼夜后，再加水冲稀，连浆带渣遍泼稻田，过 15 天后毒性消失，即可放养苗种。

消毒 5～6 天后，灌入新水 30 厘米左右，以后再逐渐加注至预定水深。灌水时要用 40 目的网过滤，以防野杂鱼进入稻田。

### 四、苗种投放

不进行人工投饲情况下的单养田，每亩投放全长 6～10 厘米的鱼种 400～600 尾或夏花 800～1 000 尾；采取人工投饲情况下的单养田，每亩投放全长 6～10 厘米的鱼种 600～800 尾或夏花 1 000～1 200 尾。

投苗前，苗种要用 5％～8％的食盐水或 20 毫克/升的高锰酸钾溶液进行集中药浴 10 分钟左右，或选用专用苗种消毒剂进行消毒。投苗操作要熟练、轻快，防止鱼体受伤。投放的位置应选择在鱼坑和鱼沟中，让其自行分散。

投苗时，应注意水的温差，运鱼容器中的水温与稻田水温相差不能超过 2 ℃，否则会影响成活率。放鱼时，将少量鱼先放入鱼池中，半天后无异常，再将苗种全部放入稻田中。

### 五、水深的调控

稻田中水深的控制是稻田养鱼成功与否的关键，既要满足水稻的生长，又要适合鱼的生活。一般来说，在不影响水稻产量的情况下，水越深越好。养鱼稻田的水位一般控制在 10～20 厘米。根据水稻不同的生长时期来调节水位。稻苗返青期，水体淹过田面 5～6 厘米，利于活株返青；水稻分蘖期，水位淹过田面 1～2 厘米，利于提高田里的温度，也利于控制田间杂草的生长；水稻分蘖末期，为了提高上株率，可以将稻田中水全部排干，只保持鱼沟中有 30～40 厘米、鱼坑中 70～80 厘米的水深，满足鱼有足够的活动空间，既晒好田又不影响鱼的生长；水稻生长中后期，水位保持在 15 厘米左右。夏季高温时期，水温升高到 35 ℃以上，要及时注入新水或者进行换水，以调节温度。阴雨天要注意防止洪水漫过田埂，冲垮拦鱼设施，逃鱼造成损失。

## 六、日常管理

### （一）注意防逃

平时要注意清理维修进出口的栅栏设施，若发现田埂倒塌和缺口，有漏洞情况，要及时修补堵漏，以防止养殖鱼类逃逸。

### （二）适当投喂饵料

如果养殖密度较高或者希望稻田养殖产量较高，可以适当补充一些外源性饲料，以自有的米糠、麸皮、青料等为主；另外，可增投部分鱼用颗粒饲料，饲料的日投放量约为鱼重量的 2%～6%。养殖前期可适当多投，平时要根据天气变化和鱼的吃食情况等酌情增减。每天上午和下午各投喂 1 次，投喂地点主要是鱼坑、鱼沟。

### （三）合理施肥

在稻田里合理施肥，既促进水稻增产，也可以促使水体生物饵料的大量繁殖，给鱼提供丰富的食物。尽量施用有机肥。施用化肥的用量和种类要合理，通常是以量少次多为宜。每亩稻田施尿素 4.5～5 千克或硫酸铵 6～7 千克，施过磷酸钙 4～5 千克。因为氨水对鱼类有一定的毒副作用，通常不作追肥施用。追肥时，要排浅田水，使鱼集中在鱼沟或鱼坑内，然后再施肥，所施的化肥被水稻和泥土吸收，再补水到正常深度。

### （四）合理用药

养鱼稻田中喷施农药时，一般选择对鱼类毒性小、使用方便的高效低毒、低残留的农药。施药时要把握好药剂的量，一般一块田最好分两次以上施，让鱼能避开药毒。施用农药时，尽量要避开鱼坑、鱼沟和鱼凼，减少农药与水位的直接接触面。施药中若发现有中毒死鱼，应该立即停止施药，并更换新水。同时要注意，粉剂药物早晨施、水剂药物傍晚施。

## 七、常见病害预防

鲤发生疾病往往与饲养的环境，饲养的密度等有关。常见的疾病有肠炎病、水霉病、竖鳞病、指环虫病等。稻田养鱼，因水浅环境变化大，水温和溶氧量变化快，对于鱼类生病后的治疗来说相对困难，因此，稻田养鱼要以预防为主。

鱼种来源要尽量避免病害发生地，鱼种放入稻田之前，必须对其进行浸洗消毒，不让病菌、寄生虫等随鱼种一起进入稻田。通常使用 2.5%～3% 的食盐水或用 8 毫克/升的硫酸铜溶液，也可以用 20 毫克/升的高锰酸钾溶液浸洗鱼种，然后用 30 毫克/升的漂白粉溶液泼洗鱼沟、鱼坑。稻田里存在很多鱼类天敌，如水鸟、水蛇、水蜈蚣等，可以通过加强田间管理，防止鱼类受害，减少损失。

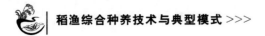

### 八、收获上市

单养鲤，每亩放养体长3厘米的鱼种300尾，秋后收获时，平均尾重可达200克以上，每亩产量可达30～40千克。捕鱼时，首先要缓慢地从排水口放水，让鱼随水流游到鱼沟或者鱼坑里，然后用鱼网捕起，放在鱼篓或者木桶里。达到上市标准的鲤即可上市，未达到上市的可暂时留在鱼坑或者水池中，留到第二年放养。

# 第二节 稻田罗非鱼养殖技术

罗非鱼和鲤食性相差不大，属于杂食性鱼类，可以摄食田间杂草、水稻落下的叶子、昆虫、软体动物幼虫以及有机碎屑等。稻田养殖罗非鱼，一是罗非鱼的排泄物可作为水稻的肥料节省磷肥，罗非鱼呼吸排放的二氧化碳可以作为水稻的碳源，促进水稻生长。二是罗非鱼属于杂食性鱼，食性广泛，觅食活动频繁，增加了水里的溶氧量，并加速有机质的分解利用，同时搅动土壤，疏松土壤，增加透气性，起到松土作用，有利于水稻根系生长。三是罗非鱼可限制杂草生长，从而减少了肥料的损耗，具有保肥作用。四是罗非鱼通过吃水稻落下的叶片，降低稻飞虱、稻叶蝉的发生率，水稻田病害也会相应减少，减少药物、除草剂使用，从而避免土壤板结。

## 一、田间工程

### （一）田埂加固

为了防渗漏、防崩塌、防逃逸，首先要对田埂进行加宽、加高。田埂的高度一般要高出水面40～60厘米。特别是在养殖的中后期，随着鱼个体的逐渐增长，要适当提高水位；如果田埂太低，就很难提高水位，以及养殖鱼类的生长速度和产量。

### （二）设置进出水口

条件允许的情况下应对角线设置进出水口，根据田块大小设置，口宽30～60厘米。

### （三）安装拦鱼栅

为了防止鱼类逃逸，要在进出水口处安装拦鱼栅，铁筛网或普通网片等都可以，根据种苗大小，罗非鱼拦鱼网片可用10～40目大小，设置要大于并高出进出口溢洪口15厘米，最好设置双层，拦鱼网两端要插入泥中压实。

### （四）鱼坑设置

鱼坑通常设置在进水口处，与稻田的鱼沟相通，面积大概占稻田面积的

6％～8％，有利于稻田鱼类养殖管理，可以观察鱼的活动情况，为鱼提供避难场所，稻田晒田时，可以为鱼提供临时的活动场所；便于稻田鱼的集中收捕和暂养，或者在收获水稻后还可以继续养殖，错时上市，能获得更高的经济收益。

### （五）开挖鱼沟

鱼沟一般深 30～40 厘米，宽 50 厘米，根据不同田块形状、面积大小，呈"丰"字形、"日"字形、"田"字形。通过开挖鱼沟和鱼坑，很好地解决了"种稻要浅水，养鱼要深水"的矛盾，尤其是水稻分蘖时，即水稻返青期后在假茎基部叶腋芽生长出新株时和水稻灌浆时，水稻田要求氧气较多，水要相对浅些，在喷洒农药时，鱼可在鱼沟安全躲避。

## 二、罗非鱼鱼苗的放养

### （一）放养前准备

**1. 清除野杂鱼** 在放鱼苗前杀灭稻田中除罗非鱼以外的其他杂鱼、螺类、蚬类等。常用的药物一般是生石灰，每亩用 100 千克生石灰化水泼洒在鱼沟及田块中消毒（以 30～50 厘米水深计算），也可以用茶粕，一般每亩用量为 5～8 千克（以 30～50 厘米水深计算）。如用生石灰消毒，第二天后，用耙子等工具将鱼沟及田泥进行翻动处理，让没有化开的石灰块与淤泥充分混合，避免养苗后伤及罗非鱼苗。

**2. 稻田注水** 插秧前（投放鱼种前一周左右）注水，进水口拦密网（60 目）防野杂鱼随水流入。野杂鱼在稻田中大量繁殖，既没有商品价值，还会与罗非鱼争食耗氧影响稻田养殖产量及经济效益。等消毒药物逐渐失效后，追加基肥，一方面可以培肥水质，另一方面可以作为水稻的营养成分。

**3. 准备放养** 一般在水稻插秧后 10 天左右，待秧苗返青时放养。如果水源充足并有鱼坑，可提前把鱼苗放到鱼坑处暂养，待到稻田水位提高后，打通鱼坑出口，让鱼苗游至稻田觅食。

### （二）放养密度、规格及品种

可根据稻田条件、目标产量、起捕规格及估计的成活率确定鱼种放养密度。水源充足，具有长流水的稻田可以适当提高放养密度，增加 10％左右。

**1. 单养模式** 罗非鱼规格体长 6 厘米以上，250～300 尾/亩，120～150 天起捕，个体均重 350～400 克。

**2. 鲤、罗非鱼混养模式** 鲤、罗非鱼以 1∶2 比例搭配放养，罗非鱼放养比例增加，可以有效利用稻田里的植物性饵料，如浮萍等，从而提高养殖的整体效益。

### 三、养殖期间饲料投喂

根据水温、天气并结合罗非鱼生活习性，因地制宜、灵活调整地遵循"四定三看"，即定时、定质、定量、定点，看水温、看天气、看鱼情。投喂米糠、麦麸等粗饲料时，投饲率为8%～12%，10天左右调整一次投饲量，做到"四定三看"，养殖过程中可以投些农家肥，有利于水稻的生长和形成微生物食物团，方便鱼类摄食。在放苗后一个月内，可适当投喂全价配合饲料以提高成活率，但只限于前期，中后期投喂粗粮，如花生麸、玉米粉、米糠、农家肥、浮萍、有机碎屑等，这样才能保持稻田鱼有较好的品质。

### 四、养殖日常管理

#### （一）保持水深

在不影响水稻生长的情况下，尽可能保持较深水位，才能提高稻鱼产量。当要施肥、喷农药时，尽可能提高水位，不低于6厘米，把鱼集中于鱼沟鱼坑中。下雨或雷雨前尽量不要喷药。尽量不使农药落入水中，以减小对鱼的伤害，水位低时，及时检查鱼沟、鱼坑水位，防止水干鱼死。在水稻生长中后期，提高水位，保持鱼沟有微流水，定时巡看，保持水流，定期使用药物调节水质（生石灰10～15毫克/升），营造优良的罗非鱼生长环境。

#### （二）田间药物使用

施用农药应选用高效低毒、低残留品种，切忌使用剧毒农药。用药时最好采用喷雾方式，粉剂在清晨露水未干时喷洒，水剂在傍晚没有露水时喷雾。施药前灌满田水，施药后及时换水，切忌雨前喷药，除草时应少用除草剂，采取手工拔除杂草，以免威胁鱼类安全。

### 五、收获

罗非鱼不耐低温，属于温水性鱼类，长时间水温低于11℃，会被冻死，在我国大部分地区无法自然越冬。因此，建议在10月底前（或水温长时间低于14℃时）把稻田的罗非鱼全部收获，以免其过冬冻死，影响养殖效益。

## 第三节　稻田泥鳅养殖技术

泥鳅是杂食性淡水鱼类的一种，个体小且生命力很强，对环境的适应性也很强，泥鳅喜栖息于底层腐裂土质的淤泥表层，可以用鳃、皮肤和肠道进行呼吸。随着地球水环境的恶化，野生泥鳅资源日益减少，泥鳅的人工养殖逐渐发展起来。稻鳅养殖是综合利用稻田、泥鳅养殖相结合的立体生产模式，充分利用稻田生态条件，创造稻鳅共生的良好生态环境，既利于稳定粮食产量，又可以产生良好的经济效益、社会效益和生态效益。

## 一、稻田的选择

养鳅稻田的选择要根据水源、土壤和稻田面积进行规范选择。

### （一）水源

水源充足，进出水分开，排灌方便，水体呈弱碱性，pH7.0～8.5，溶解氧不低于3毫克/升，最好能持续保证水深40厘米，水质清新无污染。水质符合国家《渔业水质标准》（GB 11607—1989）的规定。有长流水的区域最适宜稻鳅养殖。

### （二）土壤

根据泥鳅的生长特性和饮食习惯，应选择保水力强、富含腐殖质、质地松软的壤土或黏土，避开泥沙田（渗漏严重，水体和肥料流失，土壤贫瘠）。肥力强并且熟化的黏质土壤，灌水后容易起浆和闭合，干涸后不容易板结，具有不滞水、不渗水，保水力强、容水量大的特点，非常适合稻鳅养殖。

### （三）地形和面积

选择地势平坦、坡度较小，水源和光照充足的田块。梯田田埂要进行加固，防止暴雨冲垮田埂。稻鳅养殖地块面积的大小，要根据养殖规格、养殖时间等因素决定，一般用于泥鳅繁育的田块，面积在333～667平方米（0.5～1.0亩）；用于培育大规格苗种和成鱼的田块，面积在667～1 334平方米（1～2亩）。最好选择交通方便，在村庄附近的稻田，方便管理。

## 二、稻田工程

在稻鳅养殖前，需要对养殖稻田进行改造。

### （一）加高、加固田埂

由于在稻鳅养殖的过程中，要保持一定的水位，使泥鳅能够在稻田中生存，田埂最好保持在50～80厘米的高度，30～50厘米的宽度，但普通稻田田埂约为30厘米高，所以，在放苗前要对养殖的稻田田埂进行加高和加固。主要是使用石料、水泥板或三合土护坡，用塑料膜或木板网片等贴附于田埂内侧，加高加固后要打实田埂，做到不漏水、不塌陷。这样加固后的田埂不仅可以防止大雨冲刷，还可以方便养殖户在田埂行走，便于巡塘和投喂饲料。此外，尽量保持田埂泥土不裸露，可在田埂周边种草，进行固土。

### （二）挖鱼坑、鱼沟

挖鱼坑和鱼沟是稻鳅养殖中的一项重要工程，是解决种稻与养鳅矛盾的主要措施。鱼坑和鱼沟主要的作用是增加稻田的蓄水量，扩大泥鳅的活动范围，同时可以为泥鳅提供适宜的栖息环境，在夏季高温时节，也可以作为泥鳅的遮蔽空间，此外，鱼沟和鱼坑还是饵料投喂和收获捕捞的最佳地点。

鱼坑：鱼坑作为泥鳅活动、摄食和养殖户收获的主要地点，形状一般设置为正方形或长方形，位置可选在稻田的一角、中央或田埂中间，坑深 60～100 厘米，用砖块或水泥将四周环绕砌起来，留 2～4 个开口，方便泥鳅游入其中。在鱼坑周围一圈搭棚栽种瓜、果等农作物，为泥鳅生长提供阴凉。

鱼沟：鱼沟和鱼坑相通，是泥鳅向稻田活动的主要通道。鱼沟可在插秧前也可在栽秧后开挖。鱼沟深度 35～50 厘米，宽度 50～100 厘米。鱼沟的数量要根据稻田的大小而定，一般小田（面积小于 1 亩的田块）可在田中心位置开挖一条纵贯全稻田的沟或在中心挖"田"字形沟，大田（面积大于 1 亩的田块）可在稻田四周开挖围沟，并在中心开挖"十""日""井"字形沟，沟宽 30～33 厘米，深 26 厘米或至硬度层，沟的交叉处开长 100 厘米、宽 60 厘米、深 75～100 厘米的鱼溜，供泥鳅在晒田时栖息和躲避，做到沟沟相通、沟溜相连。为保证粮食产量稳定，根据国家要求，鱼沟的整体面积不得超过稻田总面积的 10%。通过设置鱼沟，不仅有效改善田块的通风透光条件，还可利用水稻边行优势，保证稻米产量。

进排水及防逃设施：为了使养殖稻田始终保持在一定水位（40 厘米以上），并防止泥鳅逃跑，养殖稻田要分别设置进排水口和防逃设施。根据稻田大小及排水量，决定进排水口的规格。进水口应设置在高于稻田 20 厘米处，并用 60 目的密网做围栏；排水口要略低于稻田，可用较疏的网布、竹栅或铁丝网等做围栏，防止泥鳅随水流逃跑。稻田四周用网布做围栏，网布高出田埂约 30 厘米，此措施是为防止大雨天气，稻田水位上涨，泥鳅随雨水冲刷而逃跑。

### 三、清田消毒

#### （一）生石灰消毒

在鳅苗放养前 15 天，用生石灰进行全田消毒，用量为 30 千克/亩。主要作用是杀灭稻田中的野杂鱼、蝌蚪、致病菌和寄生虫等对鳅苗有害的生物。同时生石灰能够调节土壤的酸碱度，改善水质，为泥鳅提供钙质，促进泥鳅生长。消毒清田 7 天后，加水培肥，每亩使用发酵的农家肥或发酵的花生麸 80 千克，培肥水质。

#### （二）茶麸消毒

茶麸中含有皂角苷，是一种溶血性毒素。能使鱼的红细胞溶解，从而杀死野杂鱼类、螺蛳、河蚌、蛙卵、蝌蚪和部分水生昆虫。稻田中的用量为 15～20

千克/亩。使用前先将茶麸敲碎，可干撒，也可加水浸泡，加入少量石灰水消毒效果更好。茶麸药效较长，泼洒后10天左右，在药效消失后才可以进行培水放苗。

### （三）漂白粉消毒

稻田用漂白粉消毒时，用量约为3千克/亩。兑水后全田均匀泼洒。5～7天后用少量泥鳅试水，确认药力消失后，方可批量放苗。

## 四、稻田泥鳅养殖

### （一）水稻移栽

泥鳅的适应力强，生存周期长，早、中、晚稻田都可养泥鳅，中稻和一季晚稻田养殖的泥鳅产量最佳。选择矮秆、抗倒伏、抗病力强的水稻品种进行种植。

### （二）鳅苗放养

一般在插秧后10天左右放养泥鳅苗种，鳅苗最好是来源于泥鳅原种场或从天然水域捕捞的，要求体质健壮无病无伤，年龄在2龄，一般放养尾重25克的小泥鳅60～120千克/亩，或3厘米以上泥鳅种苗2万～3万尾/亩，放养规格为5厘米的鳅苗，放养量约2万尾/亩，不投饲料的粗放养殖，放养数量则相应减少。鳅苗放养前，用3%的食盐水浸洗鳅苗5～10分钟。养殖过程中每隔1个月用浓度1毫克/千克的漂白粉消毒1次。

### （三）饵料投喂

稻田中一般富含天然饵料资源，泥鳅在稻田中主要摄食水蚤、蚯蚓、摇蚊幼虫、水草等，施肥能加速天然饵料生长，与完全依赖投饵相比，更加经济有效；施肥前要先发酵，少量多次施用，当水质过肥时不施。天然饵料不能完全满足泥鳅的生长需求，在养殖过程中还需投喂人工饵料，由于泥鳅的杂食特性，饲料种类包括动物性饵料：轮虫、鱼粉、水蚯蚓、丰年虫、动物肝脏等；植物性饵料：谷物、米糠、花生麸粉、麸皮、大豆粉、豆渣和青菜碎叶等。泥鳅个体小，体重轻，而且较为贪吃，当摄食过饱时极易引起消化不良，影响正常呼吸造成胀死现象，因此，要合理控制稻鳅养殖中的饲料投喂量。

泥鳅苗种投放后的前1个月，用水蚯蚓、小鱼虾肉与人工配合饲料粉料混合投喂；在鳅苗投放后的第2个月起，投喂粗蛋白含量占比38%以上的人工配合饲料。选择在稻田的鱼沟内进行定点投喂，避免饵料浪费，在投喂前通过击掌或者敲击饵料桶发声，让泥鳅产生条件反射，通过不断驯化，能够使泥鳅集中到鱼沟中摄食，方便管理和以后的捕捞。每天8:00—9:00和17:00—18:00分别投喂1次。每次投喂的量为鳅苗体重的5%左右，以1小时进食完毕为宜。泥鳅正常的摄食水温为 20～30 ℃，在水温 24～28 ℃时摄食旺盛，水温低于 16 ℃或高于 30 ℃时，食欲降低，可适当减少投喂量。在养殖过程中，根据泥鳅摄食、天气、水温等情况调整投喂量，在极端天气时，可以不进行投喂。

### （四）田间管理

稻鳅养殖，既要种好水稻，又要养好泥鳅。因此，田间管理技术要同时兼顾这两者的管理，才能获得双丰收。平时的田间管理，完全按水稻生产的常规要求进行，在除草这一项目上，与水稻单种要进行区别，除草不能过于频繁，只有在必要时除 1 次即可。水位要严格控制，田面以上实际水位一般控制在 5 厘米以上，并适时加入新水，平均每半个月加水 1 次，夏天高温季节要适当加深水位。施肥时也主要以施基肥为主，农家肥为辅，尽量不使用化肥和农药，施农药前要加深田水 6～9 厘米，喷洒农药时，主要是喷洒在水稻叶面，严禁将农药喷洒到鱼沟或鱼坑中。在稻鳅养殖过程中，使用灭虫灯进行诱捕害虫。

### （五）日常管理

平时及时检查田埂是否完整，鱼沟、鱼坑保持相连畅通。注意天气变化，关注稻田水位，及时清除进排水口堵塞的杂物，暴雨来临前进行排水，及时做好防洪排涝工作。每日观察泥鳅的活动和摄食情况，严禁含有甲胺磷、毒杀酚、呋喃丹、五氯酚钠等剧毒的农药流入水体中，危害泥鳅健康。

### （六）病害防治

稻田泥鳅养殖要遵循以生态防治为主、药物使用为辅的指导思想。泥鳅可以为稻田疏松田泥，改良土壤，捕食害虫，泥鳅的粪便也有利于稻谷生长。稻田的禾叶能够遮阳、降低水温、改良水质，营造适宜泥鳅的养殖环境，泥鳅病害发生较少。若发现有外伤的泥鳅，每月用聚维酮碘进行体表消毒，定期泼洒生石灰水。为防止赤皮病发生，每月用生石灰 10～15 千克/亩化浆后全池泼洒。此外，泥鳅常见的寄生虫病，如车轮虫和舌杯虫采用 0.7 毫克/升硫酸铜或硫酸亚铁合剂全池泼洒即可。

### （七）收获

通常在水稻即将成熟或稻谷收割后捕捞泥鳅。一是冲水捕捞，在靠进水口的地方，铺设网具，从进水口放水，因泥鳅有逗水的特性，会随水流排出，等待一定时间后将网具提起进行捕获。该方法仅适于水温在 20 ℃左右、泥鳅活动频繁时进行。二是饵料诱捕，把炒香的糠或麸皮放在竹笼或地笼内，将笼置于沟内诱捕泥鳅入笼。三是干田捕获，将稻田水放干，此时泥鳅聚集到鱼坑中，可以用抄网直接捕捞。钻入鱼坑或鱼沟周围泥土中和底泥中的泥鳅，用农具翻挖进行捕捉。

# 第四节　稻田田螺养殖技术

田螺是杂食性生物，可以摄食稻田中的浮萍、浮游植物、秸秆腐烂形成的有机碎屑等天然饵料，也可摄食人工投饲的青菜、米糠、废弃的鱼类和其他动物内脏、配合饲料等。"稻＋螺"养殖模式的主要养殖品种，以圆田螺属的中国圆田螺和中华圆田螺（两者形态相似，通称田螺），以及环棱螺属的梨形环棱螺（俗称石螺）等最为常见。田螺是稻田的土著生物，栖息于饵料丰富、土质柔软的稻田中；石螺则一般附着于流水中的石块上，也可在稻田中进行养殖。田螺和石螺肉味鲜美，风味独特，营养价值高，是很好的保健食品。

## 一、稻田选择

在稻田中进行田螺养殖，要选择水源充足、水质清新、无铁、无污染、排灌方便和保水力强的稻田。选择冷浸田、冷水田等中低产田为宜。

## 二、稻田改造

沿田埂四周挖水沟，宽度 1～1.5 米，深 40～50 厘米。若稻田面积比较大，可以挖"十"字形沟（宽 50～60 厘米、深 20～30 厘米）进行补充，增加田螺活动空间，将田埂加高加固到 50 厘米以上，使稻田的可蓄水深度达到 30 厘米，用泥土加高夯实即可。在田块的对角分别设置近排水口，并在进排水口安装防逃网，网埋进土下 15 厘米，用来防止田螺逃逸。有条件的情况下，可每 5 亩配套设置 1 个 6 立方米左右发酵池，通过将牛粪、秸秆混合发酵，为田螺提供低成本的发酵饲料。

田中开挖集螺坑，集螺坑蓄水深 60～80 厘米。一般为长方形或正方形，根据田块大小确定坑的个数，集螺坑的总面积不得超过稻田总面积的 10%，坑一般靠近田埂边，可供田螺避热避寒，也方便放水集螺。如果是山区田块较小，无法开挖集螺坑的，可将田沟适当加宽加深，代替集螺坑的作用，并在沟里种植浮萍或水花生用来遮阳。

## 三、投放前处理

放养螺种前，先翻耕土地，彻底清除杂草，疏通沟槽，然后用生石灰消毒。干田（带水 10～15 厘米），用生石灰 50～75 千克/亩化水全池泼洒，以杀灭水蛇、黄鳝和蛇类等天敌。消毒 3～4 天后再进行堆肥，堆放的有机肥料和饵料生物供田螺摄食。肥料用鸡粪或猪粪（也可用牛、羊粪代替）和切碎的稻草按 3：1 比例混合成基肥，按 300 千克/亩的用量堆制。基肥必须完全腐烂、堆熟，避免产生有害气体，而影响田螺的养殖。基肥要施撒均匀，并将稻田翻耕做成畦面宽 1.5～3 米、沟宽 0.5 米、沟深 0.3 米的垄畦，畦面种植水稻，田沟供田螺栖息。已施肥和消毒的稻田，在秧苗返青后即可直接放螺，放养前应先放少量田螺试水。

## 四、田螺投放

每亩投放 30～50 粒/千克的种螺 30～50 千克，投放前剔除死螺、破壳螺和纤毛虫附着严重的田螺，种螺可自己从稻田、水渠、鱼池等处采集，也可以从市场或苗种场采购，并应遵循就近原则，从外省购买的田螺经长途加冰运输，成活率往往较低，产卵量也不高。放养的田螺品种可以选择个体大、生长快、肉质好的中国田园螺和中华田园螺。

## 五、日常管理

### （一）投饲管理

田螺的食性很杂，目前尚无专门的配合饲料，主要依靠摄食天然饵料和人工饵料。其中，天然饵料主要包括水中的底栖动物、昆虫或水生植物的茎叶等，但仅靠天然饵料无法满足田螺的生长需求，需要适时补充人工饵料。如施肥培肥水质，补充浮游生物，同时还可以投喂米糠、麦麸、菜饼、豆渣、菜叶、浮萍、鱼虾及动物下脚料等人工饵料。饵料应新鲜，投饵时，应先将固体饵料泡软，把鱼虾和动物内脏、下脚料等剁碎，再用米糠或麦麸拌匀后投喂。

田螺喜好夜间活动，晚上摄食有活力，所以应该在傍晚投喂，投喂的位置不宜重叠。田螺最适生长温度为 20～28 ℃，除冬眠期外，其余时间都应该投饵，投喂量要根据水质、温度及摄食情况进行调整，当温度低于 15 ℃或高于 30 ℃，则少投或不投，防止饵料腐坏影响田螺成活率。发现田中有较多仔螺时，投喂的饵料颗粒必须细小，同时在饵料中加拌鳗鱼料等配料，制成优质饵料，保证仔螺营养，提高成活率。优质饵料隔日或每 3 天投饵 1 次，每次投饵量为田螺总重量的 0.5%～3%。

### （二）防逃

田螺习惯逆流，经常成群聚集在入口或滴水处，可从进、出水口和满水的田埂逃逸，因此要坚持早晚巡田，检查栏栅（网）是否破损，发现漏洞，及时修补，暴雨天要注意疏通排水口，防止田水过满导致田埂倒塌。

### （三）敌害预防

微流水条件下，田螺病害很少，常见的有缺钙软厣、螺壳生长不良和蚂蟥危害。缺钙症的表现是螺口的厣片内缩，经常向田中泼洒生石灰水可以预防。发现蚂蟥时可用浸过猪血的草把诱捕。田中不宜放养青鱼、鲤、罗非鱼等能捕食田螺的鱼类。此外，要防止黄鳝、水蛇、田鼠等敌害入侵，鹅、鸭等家禽下田也会伤及田螺，要加强防护和巡查。

### (四) 水质管理

田螺的呼吸方式与鱼类相同，都是靠鳃呼吸水中的溶解氧，并且耗氧量很高，当水中溶解氧低于3.5毫克/升时，田螺就会出现不摄食现象，溶解氧低于1.5毫克/升或者水温超过40℃时，田螺就会窒息死亡，因此，稻田养螺的水质一定要清新，保证充足的溶解氧。在田螺生长繁殖的季节，要经常注入新水来调节水质。尤其是在夏季水温比较高的时期，用长流水养殖比较好，在春秋季节采用半流水养殖比较好。平日里稻田水深保持在25~30厘米，冬季水深10~20厘米即可。水质以混浊半透明状态最好。

### (五) 越冬管理

入冬前要增强田螺体质，入冬后将水深加到30厘米以上保温，还可在田中投放一些稻草，让田螺在草下越冬。当水温下降到8~9℃时，田螺开始冬眠，此时仍需保持水深10~15厘米。至少每3~4天换1次水，以保持适当的溶氧量。

### (六) 收获与运输

田螺捕捞方式为捕大留小，分批上市，要拣取成螺，留养幼螺。在夏、秋高温季节，选择清晨和夜间，在岸边或水体中竹枝、草把上直接拣拾；冬、春季在晴天中午进行拣拾。也可采用下池捉或干池捕捞等方法。养螺稻田面积较大时可用炒熟米糠、麦麸、血粉混以黏土做成团块，投入水中，引诱田螺，在田螺被吸引聚集后，此时用网抄捕。运输可用普通竹篓、木桶、编织袋等，运输时注意保持田螺湿润，防止暴晒。

田螺因生长环境不同，螺壳厚薄程度不同，薄壳田螺出肉率高，厚壳田螺则相对便于运输，山区高海拔地带田螺的螺壳往往较薄，运输过程中损耗较大，可在当地建造初级加工厂，对田螺进行脱壳和螺肉加工后再完成运输工作。

不宜盲目引进外地螺种。

注意要留足翌年养殖所需的螺种，在下一年用来繁殖仔螺。

# 第五节 稻田小龙虾养殖技术

小龙虾学名克氏原螯虾，是生长在淡水中的甲壳类动物，其体形呈圆筒状，甲壳坚厚，头胸甲稍侧扁，颈沟明显，前3对步足呈螯状，其中第1对特别强大、坚厚。它具有生长快、食性广、适应性强、肉味鲜美、经济价值高等优点。由于有较高的经济效益、广阔的市场前景、良好的发展态势，很多地区将小龙虾产业打造成地方特色主导产业。其中，稻田养虾是一种小龙虾的主要养殖模式，它是一种生态、节能、环保的综合种养模式。在实际生产过程中水稻和小龙虾共生互利，一方面小龙虾很好地利用水草，起到为水稻除草并提供有机肥的作用；另一方面稻田水体中溶氧量较高且动植物的种类丰富，为小龙虾提供了良好的栖息和生长环境。因此，该模式逐渐在国内推广，养殖产量最高地区是湖北，其次是安徽。根据《中国小龙虾产业发展报告（2020）》，我国小龙虾养殖面积和产量持续快速增长。2019 年，我国小龙虾养殖总产量达208.96 万吨，养殖总面积达 1 929 万亩，总产值达 4 110 亿元。小龙虾稻田养殖占比最大，产量为 177.25 万吨，养殖面积 1 658 万亩，分别占小龙虾养殖总产量和总面积的 84.82% 和 85.96%，占全国稻渔综合种养总产量和总面积的 60.46% 和 47.71%。

总体来看，2019 年除小龙虾产量和经济效益较 2018 年有提高外，小龙虾初级加工也高速发展，精深加工也不断拓展，消费市场同时保持火爆，全年供需两旺，因此小龙虾产业未来的发展潜力仍然巨大。

## 一、种养时间

通常，稻虾综合种养茬口时间大致如下：

小龙虾：3—4 月进行放苗及捕捞上一年养殖的小龙虾，5—7 月进行生长管理及捕捞上一年养殖的小龙虾，8—9 月补放苗及适时适量捕捞当年养殖的小龙虾，10 月至翌年 2 月进行生长管理。

水稻：5—6 月进行育秧、插秧，7—9 月进行生长管理，10 月进行收割。

## 二、稻田准备

### （一）稻田选择

稻田养殖小龙虾应选择水源充足、水质清新无污染、理化指标符合《渔业水质标准》（GB 11607—1989）、排灌方便、土壤肥沃、保水力强、阳光充足、不受旱灾和洪灾影响的稻田。如果是大规模的养殖，还应考虑交通和电力供应问题。养殖面积最好以 10～20 亩作为一个养殖单元为宜。

### （二）稻田改造

**1. 挖沟**  稻田的环沟主要功能是夏季保种、落水集虾。稻田四周开挖环沟，环沟沿靠近水源的田埂内侧或离田埂 1.5～2.5 米开挖，宽 2～3 米，深 0.8～1.0 米，坡比 1∶（2～3）。田块较大的稻田中间开挖"十"字形或"井"字形虾沟，虾沟的面积占稻田面积的 10%。如果条件允许，可利用田头沟、排水沟开挖成宽 6～8 米，深 1.5 米以上的暂养塘。

**2. 夯实田埂**  利用开挖环沟挖出的泥土加固、加高原有田埂，并逐层夯

实，使田埂高于田面 0.4～0.8 米、埂宽 1～2 米，从而保证田块蓄水深度在
1.5 米以上。在稻田一侧的坡腰建宽 20～40 厘米的二级小平台，便于种草，
以减少泥沙流入沟底。

**3. 围栏** 在稻田养殖区四周设防逃围栏，田块之间不需要设立围栏。可
以采用彩钢瓦、石棉瓦、网片、钙塑板等构建简易的防逃设施，围栏应高出田
埂 40 厘米，基部入土 20 厘米，或者用砖石沿田埂砌永久性防逃设施。对进水
渠道及排水沟渠进行加固、加高，进水管口可用 80 目网袋过滤，以防敌害生
物进入；排水口建在整块稻田最低一侧，可用 200 毫米口径的 PVC 管调节水
位，并在排水管口用 20 目网袋过滤。

**4. 灭虫灯安装** 稻田工程筑埂时，在稻田田埂上安装数盏太阳能频振式
杀虫灯，在秧苗种植后开启，可以控制水稻生长期间稻田病虫害，如水稻黏
虫、稻纵卷叶螟、稻飞虱等。

### 三、放苗前准备

#### (一)泡田
向改造后的稻田注满水，进行 1 个月的泡田，以便消除稻田农药残留的危害。

#### (二)消毒
泡田结束后排干田水再暴晒田块和沟底。放养前整个区域重新注水 10～
20 厘米，用生石灰或者漂白粉消毒。一般都用生石灰消毒，其用量为 50 千克/
亩，主要是杜绝野生杂鱼进入小龙虾养殖区域。在投放虾苗前 15 天，在田间回
形沟内用生石灰 100 千克/亩，或泼洒茶粕（浸出液体）消毒。水体彻底消除野
杂鱼，既能直接消除敌害，更能减少与小龙虾争夺饲料，确保小龙虾快速生长。

#### (三)肥水
消毒 1 周后注水，投放发酵的有机肥，最好每亩施鸡粪或猪粪 500 千克，
施肥后对田间区域进行旋耕。肥水是为了培育水质和繁殖适口的天然饵料，提
高幼虾成活率和生长速度。在一段时间之后，测定水体的透明度和水体中的浮
游生物的数量，如果达不到放养虾苗的要求，必须进行追肥，其用量 45 千克/
亩左右，不用或少用碳酸氢铵等作追肥。而且追肥必须遵循"多次少量"的原
则。追肥后继续观察水体的肥度，达标后即可放养。

#### (四)种草
小龙虾是杂食性动物，尽管食性偏动物性饵料，但在动物性饵料不足的情
况下，也吃水草来充饥。水草同时是虾隐蔽、栖息的理想场所，也是小龙虾蜕
壳的良好场所，因此在水草多的区域养虾成活率高，没有水草则肯定养不好小
龙虾。稻田施肥和旋耕后 5～7 天即可种草，种草时的水位应保持在 10～20 厘
米。待水草完全扎根后，逐渐升高水位。水草以伊乐藻为主，以 3～5 株为一

簇，环沟中每 2 米栽种一簇伊乐藻，大田中按行距 3～4 米栽种一簇伊乐藻。水草覆盖率在虾沟要适时控制在 50% 左右，如果水草的数量过多，覆盖于水面、影响水底光照和水体溶解氧的补充而发生烂根、草上浮甚至死亡的现象。在虾沟应保留适当的无草区域，便于对小龙虾的捕捞。

### 四、苗种放养与投喂

#### (一) 放养

**1. 春季幼虾** 待 3 月水温达到 12 ℃时，即可放养幼虾，且要求尽早放养。幼虾投放前 7 天，在培育区施用已发酵腐熟的农家肥，每亩用量为 100～150 千克，为幼虾培育适口的天然饵料生物。投放的幼虾规格为 4～5 克/只，且要求幼虾规格整齐、附肢齐全、无损伤、无病害、活力强。幼虾的运输时间越短越好，运输时间在 2 小时以内的，可将挑选好的幼虾装入塑料虾筐，每筐不超过 5 千克，每筐上面放一层水草，保持潮湿，避免太阳直晒；运输时间需 2 小时以上的，宜用双层尼龙袋充氧、带水运输，并根据距离远近，每袋装幼虾 0.5 万～1.0 万尾。一般每亩投放幼虾 25～30 千克，投放应在早晨、傍晚或阴天进行，且投放时应避免阳光直射。

**2. 秋季亲虾** 8—9 月视情况投放亲虾。在亲虾投放前，环沟内要移植飘浮植物。亲虾应就近选购，雌雄亲本宜来自不同群体，且要求亲虾附肢齐全、无损伤、无病害、个体健壮、活力强、个体体重在 35 克以上（雄性个体宜大于雌性个体）。挑选好的亲虾用不同颜色的塑料虾筐按雌雄分装，每筐上面放一层水草，以保持潮湿，避免太阳直晒，运输时间越短越好。放养量视存塘量确定，确保每亩亲虾不低于 15 千克，且亲虾按雌性：雄性为（2～3）∶1 进行投放。投放时先将虾筐浸入水中 2～3 次，每次 1～2 分钟，然后投放在田面。投放应在早晨、傍晚或阴天进行，且投放时要避免阳光直射。

#### (二) 饵料投喂

小龙虾食性杂，喜食碎杂鱼、螺蚌肉等动物性饵料，又喜食豆饼、麦麸、米糠、植物嫩叶等植物性饲料。在投喂配合饲料时，粗蛋白含量应在 25% 以上。小龙虾放养初期，应以精料投喂为主。投喂饵料按照"四定""四看"的原则（即定时、定点、定质、定量，看季节、看天气、看水质、看摄食情况），一般每天分 2 次投喂，上午 7:00—9:00，下午 18:00—20:00 各投喂 1 次，上午投喂量占 1/3，下午占 2/3，由于小龙虾有昼伏夜出的习性，所以应在晚间投喂较多饲料。同时根据天气和季节不同而投喂相应的饵料，初夏和晚秋可少投；6 月下旬至 8 月中旬是小龙虾身体体长增长期，要投足饵料；8 月下旬至 9 月中旬是小龙虾体重的增长期，需要适当增加低价位的小杂鱼、水生昆虫、河蚌肉等动物性饲料的投喂。

### 五、小龙虾病虫害防治

小龙虾常见的病虫害有病毒病、纤毛虫病、甲壳溃烂病等，一般遵循"预防为主，防治结合"的防治原则。值得注意的是，若需用药防治，选用的药剂应该符合《无公害食品　渔用药物使用准则》（NY 5071—2002）的规定，严禁使用未取得生产许可证、批准文号、没有生产执行标准的渔药，应使用高效、低毒、低残留渔药，且建议使用生物制剂，并严格执行国家关于农业投入品使用安全间隔期或休药期的规定。同时力求达到早治疗、早见效、早控制。禁止使用国家明令禁止的药物和敌百虫、敌杀死和菊酯类杀虫药物。

### 六、日常管理

#### （一）水质管理与水位控制

稻田种养的水体中，有机物碎屑、残饵、死亡的动植物尸体等可能引起水质变化，应及时调节水质。要确保养虾水体营养物质充足，可供小龙虾消化的浮游生物的数量和种类多，水质新鲜，没有过多老化的水生植物、藻类、动物尸体，水色和透明度随光照和时间不同而有变化（早上清淡一些，下午较浓一些），田中物质循环处于良好状态，浮游动植物平衡。氨和硫化氢等含量不能过高，保持水色亮泽，不发暗，水面无油膜，水体温度适宜，交换性好，有利于溶解氧的及时补充。5—10月生长期间，可定期使用微生物制剂，改良水质和虾沟底质，保证虾沟内的水体透明度在30～40厘米。

水稻移栽前1个月，逐渐降低田间水位，使虾汇聚到环沟内，便于水稻移栽。水稻种植后应提高水位，使田面水深保持在15～20厘米。7月中下旬应降低田间水位适当搁田，以促进水稻根系深扎，避免倒伏。9月中下旬逐渐降低水位，以便于水稻收割，同时沟内水位也逐渐降低至原来的1/2，以促使小龙虾进洞。水稻收割后再注水至淹没田面，水深20～30厘米，同时稻茬经水淹及微生物作用后可作小龙虾饵料。

#### （二）经常巡田

每天坚持早晚巡田1次。首先，对小龙虾的吃食情况进行检查；其次，对进出水口密网是否牢固，防逃设施是否损坏，田埂是否有漏洞进行检查，由于小龙虾善于掘洞、攀登和迁移，所以防逃工作至关重要；最后要做好水质调控、水草养护和饲料投喂等工作。

### 七、水稻的栽培

#### （一）稻种选择

稻田生态高效养殖小龙虾的条件之一就是需要做好水稻品种的选择，实际选择时要考虑到以下几点因素：选择抗倒伏、抗病虫害、矮秆、生长期较短、品质优良的水稻品种，此外，还可以利用稻虾共作的生产模式生产出纯绿色无公害的优质水稻，以便于获得更高的收益。

### （二）水稻种植

5—6月，对稻田进行整理，晒干后进行施肥、旋耕、平整。水稻的栽培可采用"大垄双行"的栽插技术。这样的栽插方式为小龙虾提供了一个通风透气性好的环境。栽培初期，水稻应浅水勤灌，并且将小龙虾全部集中在虾沟养殖，以确保小龙虾的摄食和存活率。待秧苗返青后将小龙虾放入田中进行饲养。

### （三）水稻日常管理

**1. 晒田**  水稻生长需要晒田，晒田时要慢慢排干田水，让小龙虾进入虾沟，防止小龙虾在烤田时脱水死亡；同时密切观察小龙虾的行为，如反应异常，则立即进水；晒田时间不宜太长。最好在插秧前进行1次晒田。

**2. 施肥与用药**  在秧苗移栽第7天为保证水稻返青后有更好的生长优势，可在稻田中施入肥料。在水稻的种植过程中，追肥是确保水稻长势的关键因素。追肥应以尿素和过磷酸钙为宜，其用量5～7千克/亩，严禁使用对小龙虾有害的化肥，如氨水和碳酸氢铵等，并且追肥次数不宜超过3次。

采取绿色植保技术，以生物防治为主。稻田养殖小龙虾具有一定的除虫（卵）、除草的功能，且一般不使用或少用化学农药。可在早春深耕灌水灭蛹，即在二化螟越冬代化蛹高峰期及时灌水翻耕，淹灭二化螟蛹，降低害虫基数。播种前用咪鲜胺等药剂浸种消毒，可预防稻瘟病、恶苗病等病害。药剂浸种后用30%噻虫嗪等药剂拌种，可防治秧田稻飞虱、稻蓟马。可用昆虫性激素诱杀二化螟、稻纵卷叶螟，或在田垄上种豆、种芝麻留住害虫天敌。利用阿维菌素防治二化螟、稻纵卷叶螟，每公顷用2.2%的阿维菌素乳剂450～675毫升，兑水均匀喷雾，安全间隔期为14天以上。每季作物使用阿维菌素均不宜超过2次。需要注意的是针对病害使用农药时，尽量喷洒到叶片上，此时应降低稻田的水位将小龙虾聚集在虾沟养殖。此外，定期用生石灰对水体消毒，每亩用量每次不超过10千克，同时也为小龙虾的蜕壳补充必要的钙。

## 八、收获与选捕

### （一）水稻收获

一般在10—11月进行水稻收割。水稻收割前，要逐步降低水位，把小龙虾全部引入虾沟内，使田面露出来，再收割水稻。水稻收割后，留茬30～40厘米，注水淹没稻梗，培育浮游生物，为12月至翌年2月小龙虾进入冬眠提供充足的饵料，这就是"虾—稻"种养中的"淹青技术"，这也是稻田养虾的核心技术。

### （二）适时捕捞

捕捞应遵循"捕大留小"的原则。水稻收割后，选择在11月底至12月进行捕捞，也可在春节前捕捉；如果让小龙虾过冬，应在翌年3月至4月捕捞起上一年投放的小龙虾。一般采用地笼进行捕捞，成虾捕捞的地笼网眼规格为2.5～3.0厘米。可通过在地笼内增投诱饵、降低田内水位、移动地笼位置等方式，增强捕捞效果，同时要定时观察地笼，防止笼内小龙虾过多造成局部缺氧而死虾。需注意同一批苗种的繁殖时间周期。为防止近亲繁殖引起种群退化，同一批苗种最多留种3～4年后要引进新苗种。

### 九、总结

小龙虾稻田综合种养模式实现了粮食和水产品双丰收的结合，在全年养殖中小龙虾基本没有病害发生，水稻也几乎不用施用农药，获得了优质水产品和稻谷，在提高了小龙虾和水稻品质的同时也增加了经济效益、社会效益、生态效益。这种模式技术简单、风险小、易于推广，真正实现"一水两用，一田双收"的共赢。

## 第六节  稻田澳洲淡水龙虾养殖技术

稻渔综合种养是近年来我国重点推广的一种生态循环农业模式，其立足于粮食安全，实现"一水两用、一地双收、绿色生态"，是贯彻落实"藏粮于地，藏粮于技"战略要求，做好渔业产业扶贫和助力乡村振兴的重要抓手，对提高种养经济效益，保护生态环境，促进农（渔）民增收发挥重要作用。

澳洲淡水龙虾学名红螯螯虾，分类上隶属于甲壳纲、十足目、拟螯虾科、光壳虾属，又称为红螯光壳螯虾、四脊滑螯虾、澳洲淡水小青龙等，原产于澳洲北部的热带、亚热带水域。该虾1992年引入我国，具有个体大、生长速度快、肉味鲜美、营养丰富、耐运输等优点，作为当前世界上较为名贵的经济虾类的一种，澳洲淡水龙虾具有极高的经济价值和营养价值。随着近些年来我国经济体量的不断增加，居民消费水平和能力大幅提升，国内澳洲淡水龙虾消费市场已初具规模，无论是营养、外观还是价位，均有较强竞争力，相较于价格高昂的海水龙虾，澳洲淡水龙虾的价格要更占优势；相较于小龙虾，它的肉质口感更好，出肉率更高，适应性更强，耐低氧，在3～35℃都可以生存，有较快的生长速度和较强的抗病能力，并且澳洲淡水龙虾和小龙虾错峰上市。特别是2020年新冠疫情以来，消费者更多选择国内生产的高端食材，澳洲淡水龙虾成为餐桌的新宠，在国内消费需求量逐渐增加，是具有广阔的市场前景的养殖品种。澳洲淡水龙虾养殖周期和水稻种植周期基本重叠，非常适宜在稻田中养殖。

## 一、稻田选择与田间改造

在稻田养殖澳洲淡水龙虾这一模式中，稻田作为澳洲淡水龙虾的主要生长区域，其环境的好坏对养殖成功与否至关重要。在养殖工作开展之前，养殖户需要对养殖稻田的基本条件以及配套设施进行合理的设置和优化，为澳洲淡水龙虾营造出良好的生长环境，避免后续养殖过程中出现问题，也为水稻与龙虾共生打下良好的外部环境基础。

考虑到澳洲淡水龙虾的生活习性，养殖稻田应选择土质保水和保肥性能良好，靠近水源，水量充沛，水质清新无污染，光照充足，通风良好，进排水分开，平坦成片（尽量为长方形或正方形），交通方便的稻田。为保证养虾稻田的安全性，应采用大水漫灌注水泡田 20 天，排水后泼洒生石灰水进行消毒，用量一般为 150 千克/亩。

稻田养殖的水体以弱碱性为最宜，pH 保持在 7.0～8.6，硬度 700～800 毫克/升。为了方便养殖户的日常管理，稻田面积宜 5～10 亩，可以采用"回"字形设计，即在稻田四周挖沟设渠，环沟宽约 1.5 米、深 1.5～2 米，稻田田面平均深度控制在地平面 0.2 米以下。根据国家相关规定，养虾的环沟面积不得超过稻田总面积的 10%。对环沟面积大小及深度进行适当控制，并在沟渠进行水草种植，或必要时在环沟底部加设微孔增氧设施，保证环沟内水体溶解氧始终保持在 4 毫克/升以上，以使养殖的澳洲淡水龙虾能获得稳产、高产。

## 二、放养前准备

### （一）养殖前期种植水草

在养殖澳洲淡水龙虾的环沟中，可以种植伊乐藻、轮叶黑藻、苦草等水草，其具有以下四方面的作用：一是作为澳洲淡水龙虾的躲避场所，可以防止脱壳时互相伤害；二是可以吸收利用底质和水体中的残饵和虾粪便等有机质，净化水质，为龙虾生长创造优良水环境；三是水草也可以作为虾的补充饲料，在饲料供应不足时，供龙虾灵活摄食；四是在水稻未茂盛之前，还可起到防暑降温的作用。

水草种植具体操作如下：虾苗投放前 10～15 天，每亩养虾稻田施腐熟畜禽粪肥 600～1 000 千克用来培肥水质，培育浮游生物。两周后，将水位增高至 50 厘米左右，开始移植水草，密度约 2.5 千克/亩，保持养殖期内水草覆盖率为 30%～50%。种植水草时，一般一簇为 3～5 株，环沟中每 2～3 米栽种一簇，像插秧一样均匀地插栽在稻田的淤泥中，插入 5～10 厘米水草，水位为 10～20 厘米。水草的种植面积约占环沟面积的 30%～50%。

在水草长势过好，密度过大时，要及时割除上半部分生长茂盛的水草，在水草生长不好时，可适当向环沟水体投放植物或蔬菜的嫩叶、茎等，补充澳洲淡水龙虾植物性饲料。此外，还可以在稻田环沟外侧种植水花生。

**（二）防逃设施的安装**

澳洲淡水龙虾具有离水可存活的习性，因此在养殖过程之中，极易发生逃跑情况，给养殖户带来经济损失，也容易破坏稻田中水稻的生长。为了应对这一情况，在澳洲淡水龙虾养殖稻田设置的过程中，必须安装防逃设施。目前常用的方法就是在稻田田埂的内侧安装防逃网，防逃设施可以采用彩钢瓦、石棉瓦、网片、钙塑板等构建简易防逃设施，围栏应高出田埂 40 厘米，基部入土 20 厘米，或者用砖石沿田埂砌永久性防逃设施。稻田的进出水口用密网封口，严防进水时把敌害生物带入和出水时虾逃出。

**（三）设置虾类栖息设施**

由于澳洲淡水龙虾主要在稻田环沟的底层活动，在种植水草的基础上，可在稻田环沟内放置一定数量的暗灰色蜂巢状 PVC 管，为澳洲淡水龙虾提供躲避区域，供其隐蔽栖息。

## 三、水稻栽培

选择茎秆坚硬且较高、耐肥力强、抗倒伏、耐深水、抗病抗虫力强、生长周期短的水稻品种。采用育秧移栽的方法，进行秧苗种植，采用机械插秧或人工插秧，秧龄达到 25 天时进行移栽工作，移栽时间选择白天。水稻种植密度为行距 25～28 厘米，株距 16～18 厘米，每丛种植两株，每亩约为 10 000～120 000 株秧苗。在为稻田施肥时要注意控制氮肥的使用量，避免对澳洲淡水龙虾养殖造成不良影响。

## 四、苗种放养

由于澳洲淡水龙虾的原产地在澳大利亚，虽然引进我国已有 30 年左右，但由于其养殖是最近几年才发展起来，因此优质苗种产出量在我国还不够，且苗种的质量也参差不齐，因此养殖户在选择虾苗时，必须到正规苗种繁育场采购虾苗；同时虾苗要选择体质健壮、规格整齐、附肢齐全、无病无伤、体表光洁、无附着物、活动能力强的个体，避免使用多年自繁自育、近亲繁殖的苗种。确保虾苗不携带病毒，放养前应进行检疫，避免虾苗携带红螯螯虾杆状病毒、螯虾贾第虫样病毒、白斑综合征病毒等。

虾苗运输过程可使用透水的龙虾筐装虾，在筐内铺设少量水草，避免虾体与筐接触，减少虾体擦伤，小龙虾堆叠高度一般不超过 2 层，每 20 分钟向筐内喷洒1次姜汁稀释液，有助于提高运输的成活率。运虾环境应湿润、低温、不透风，一般采用空调车，使温度维持在18℃以下。在运输过程中随时注意温度变化，避免温差过大，虾体产生应激反应，降低养殖成活率。

一般在4月底到5月初进行虾苗投放工作。在虾苗放养时，要先进行试水，试苗1天后苗种活力无明显下降，试水成活率达到95%～98%时，即可进行虾苗投放工作。由于澳洲淡水龙虾特殊的生活习性，在放苗处理的过程中，养殖户需要统筹考虑区域气候特征以及养殖水体内部温度，当水体温度达到18℃，在傍晚才可以进行放苗操作，放养地点为沿环沟周围均匀放养。为了提升虾苗的存活率，早稻田养殖时，一般应选取体长4厘米以上的澳洲淡水龙虾虾苗，放养密度为每亩4 000～6 000尾，通过对虾苗体长以及密度的控制，避免澳洲淡水龙虾大吃小的情况出现，同时，可混养规格约150克的鲢、鳙5～10尾/亩，搭养鲢、鳙一方面可以避免养殖水体太肥，另一方面鲢和鳙对溶氧量较为敏感，其活动情况也可以起到水体溶氧量不足的警示作用。

从实际养殖情况来看，放苗前1小时，用维生素C全养殖水面泼洒。在放苗过程中，要避免稻田水温差异过大的情况出现，放苗时温差小于2℃。放养前将少量的环沟内水转运到放苗容器（龙虾筐）内调节水温，直到装苗容器中的水温接近养殖稻田环沟内水温即可，将龙虾筐倾斜，让龙虾自己慢慢爬入水中，活力不强或接近死亡的虾苗应及时捞出，防止污染水质，传播疫病。放苗后2天，用碘制剂对养殖水体进行消毒。放苗过程中，养殖水体内水位应保持在1米，以保证水温相对稳定。

## 五、饲料投喂

在稻田养殖澳洲淡水龙虾的模式中，稻田本身相较于单养虾池塘，可以为龙虾提供一定的食物来源，环沟中的水草也可作为植物性饲料供澳洲淡水龙虾摄食。因此，养殖户在对澳洲淡水龙虾进行投饵的过程中，可适当减少投喂量，并在吃饱、吃完、不留残饵的原则下，对稻田养殖澳洲淡水龙虾的投饵量进行控制调节。

具体来看，放苗后第3天开始投喂，每天投饵2次，早6:00—7:00投全天的20%～30%，晚17:00—18:00投全天的70%～80%。养殖过程中，如果虾体摄入的饵料过少，将会延缓澳洲淡水龙虾的生长速度；而投放饵料过多，不仅会增加养殖户的养殖成本，同时也对澳洲淡水龙虾的脱壳过程产生消极影响。为了方便管理，养殖户应当将饵料投放在养殖稻田的浅水区域，并采用多点投喂方式，便于观察澳洲淡水龙虾的饵料摄取情况。投喂原则采用"四定四看"，即定时、定点、定质、定量，看季节、看天气、看水质、看摄食情况。

从养殖实际情况来看，澳洲淡水龙虾是一种杂食性动物，对于饵料可以采用人工配比的方式，根据澳洲淡水龙虾的生长情况，适当调整鱼粉、豆饼、棉仁饼、玉米、骨粉的混合比例，确保饲料中的蛋白质比例满足澳洲淡水龙虾的生长、发育需求，也可采用市场上已有的品牌配合饲料进行投喂，同时要经常向饲料中添加生物肽、免疫多糖等营养物质，提高龙虾机体活力，增强其免疫力。此外，还可辅助投喂南瓜、鱼糜、螺、蚌等，混合投喂的时间为每月投喂配合饲料 20 天，然后投喂南瓜或螺 10 天。考虑到澳洲淡水龙虾的生长习性，养殖环节所使用的饵料直径应控制在 2 毫米以下，便于龙虾觅食与消化。对于投饵量，养殖户应当根据澳洲淡水龙虾的发育情况，以及季节、天气、水质等情况而定。

正常条件下确保投放饵料的干料占澳洲淡水龙虾幼虾体重的 8%～10%，占中虾体重的 5%，占大虾体重的 3%～4%。当水温 15～20 ℃时，投饵量占虾体重量的 1%～3%。具体的饵料投放量，根据水体水温以及水质不断进行调整，并以 2 小时内摄食完毕为宜。确保投饵量满足不同生长阶段澳洲淡水龙虾的摄食需要，为其生长提供充足的营养供应，天气晴好、水温适宜时多投，气压低、阴雨天少投。在气候急剧变化导致应激时，可适度降低 50% 投喂量或选择不喂食。

## 六、日常管理

### （一）日常水质调控

养殖过程中要及时调节水质，环沟内水色以黄绿色或油青色为好，透明度保持 35～40 厘米，溶氧量保持在 5 毫克/升以上。每隔 7～15 天注水 1 次，一般在晴天的午后。具体而言，环沟内水位高低要随水稻生长来调节，兼顾澳洲淡水龙虾的生长要求，环沟内定期换水，每年 5—6 月之间，10 天换 1 次水，每次换水深度约 10 厘米；7—8 月是高温季节，每周换水 1 次，每次换水深度约 15 厘米；在 9 月之后，每 15 天换 1 次水，每次换水深度约 15 厘米。

若发现水质老化，必须及时换水；也可以使用微生物制剂如芽孢杆菌、光合细菌等调节水质；若水色过于清淡，则适时施用一些有机肥，施肥坚持"看水施肥、少量多次"的原则。每 7～10 天，选择晴天上午，使用光合细菌、芽孢杆菌、EM 菌等微生态制剂全池泼洒，降低水体有害物质的同时提高养殖动物自身免疫力。保持水质"肥、活、嫩、爽"。

### （二）加强田间巡查

稻田养殖澳洲淡水龙虾过程中要加强管理和巡查，特别是龙虾苗种投放进稻田 10 天内为养殖敏感期，管理不当容易发生大批死亡。坚持早晚巡塘，并写好生产日志，观察澳洲淡水龙虾摄食与活动情况是否正常，及时捞出病死虾，防止水质污染；检查塘埂、围栏以及进排水口是否有破损和漏洞，防止龙虾逃跑，也预防天敌（老鼠、青蛙、野杂鱼、水蛇等）的入侵。

定期检测环沟内养殖用水的氨氮、亚硝酸盐、pH、溶解氧等指标，并根据情况采取措施进行水质调节。根据外部环境的变化，及时调整饲养管理手段。澳洲淡水龙虾主要生活在稻田沟渠底部，因此在雷雨闷热的情况下，容易出现缺氧等状况，养殖户可以使用供氧设备，向底部输入氧气，保证水体的溶氧度满足澳洲淡水龙虾的生长需求，由于澳洲淡水龙虾主要在底层活动，采用微孔增氧最为合适；澳洲淡水龙虾最适宜生长的温度为20～28 ℃，因此，需要时常观测并对水温进行调节，以防出现水温不合理影响澳洲淡水龙虾的生长速度和上市时间，在天气过热，温度过高时，可适当加深环沟水深度，以稳定环沟底部温度。

### （三）病害防治

澳洲淡水龙虾抗病力强，自我国引进以来还未发生过大规模暴发性、流行性疾病，但病害防治工作不可掉以轻心，应当坚持"预防为主，防治结合"的原则。

做好消毒和解毒工作，在稻田环沟放苗前，采用生石灰消毒，并解毒2次，在放苗过程中，对虾苗进行体表消毒，将硫酸铜与硫酸亚铁按照5∶2比例混合，泼洒在沟渠水体中，用于消除寄生虫。放苗后，用聚维酮碘全沟泼洒再次消毒。在养殖期间，通常每隔20天，用生石灰加水调配成溶液后进行泼洒，具体用量为15千克/亩，这样做既能够调节水质，起到消毒和预防疾病作用，还有利于澳洲淡水龙虾补充钙质，利于其脱壳；如果发现有纤毛虫附于虾体，导致其行为减缓、摄食量减少、蜕壳困难，可以采用虾蟹纤虫净进行治疗，具体用量为每亩水深1米时，用量为500克。褐斑病可以选择使用1毫克/千克苯扎溴铵泼洒治疗。在蜕壳期，是澳洲淡水龙虾最易受到敌害生物或同类侵食的时期，极易引发死亡，该时期一定要加强管理，避免人为捕捉、搬动、水质差和缺氧等情况出现。

### （四）水稻的管理

**1. 施肥**　澳洲淡水龙虾苗种投放前7～10天，每亩养虾稻田施腐熟畜禽粪肥500～1 000千克培肥水质，以培植浮游和底栖生物。施肥时全田泼洒，切忌施入稻田环沟内。种植过程中追施1次水产专用有机肥。

**2. 控制稻田的水深**　稻田水位管理按照"浅水插秧、寸水返青、薄水分蘖、深水控苗"的原则，插秧后1周内，保持水位在3厘米以内；返青期到分蘖前期，保持田面水位在1～3厘米，间歇进行灌溉；分蘖中后期配合养虾的需求，进行深水控蘖，将水面水位增加至10～15厘米；孕穗期至水稻收割前10天，保持田面水位20～30厘米。收割前10天，田面正常自然落干，同时保持虾沟内水位正常，即可进行水稻收割。

**3. 水稻病害防治** 采取生物、物理等绿色防控技术来防治病虫害，最大限度减少农药使用。虫害发生高峰期，每天 18:00—24:00，开启杀虫灯，并及时清理杀虫网和虫袋。在稻纵卷叶螟、二化螟始蛾期开始放稻纵卷叶螟、二化螟性引诱剂，及时清除黄板上的虫体或者更换黄板。在路边或田埂上种植波斯菊、三叶草和香根草等，用于生物防治害虫。在水稻出现病虫害时，最好在农作物的叶面进行施药，避免水稻药物对龙虾生长造成负面影响，澳洲淡水龙虾对农药较为敏感，在农田施药时，应严禁田水流入虾沟内。此外，极为重要的一点是，无论是为稻田施肥还是为水稻施药，都要尽量避开澳洲淡水龙虾的蜕壳期。

### 七、收获与运输

澳洲淡水龙虾生长速度较快，通常情况下，经过 4～5 个月的养殖期，龙虾体重可以达到 70～200 克，即可捕捞上市，进行销售，稻田养殖的澳洲淡水龙虾通常当年放养，当年收获。为了减少捕捞过程中对澳洲淡水龙虾造成的损伤，养殖户可以采取虾笼诱捕或者干塘捕捞两种方式，以更为灵活、便捷的方式，捕捞成熟的澳洲淡水龙虾。具体来看，养殖户要根据实际情况，灵活调整捕捞作业方式，将捕捞方法与澳洲淡水龙虾的产量结合起来，形成高效的捕捞体系。如果稻田养殖的澳洲淡水龙虾产量较高，养殖户可以采取分批上市的方式，按照一定的时间间隔，进行捕捞，以确保成虾的产量。为了提升捕捞效率，基于澳洲淡水龙虾的习性，在捕捞过程中，可以在傍晚设置捕捞设备，并在设备之中放置一定数量的诱饵，将捕捞设备置于环沟内，每日清晨取捕捞的龙虾 1 次，提升捕捞效率。捕捉到的规格较小的澳洲淡水龙虾，可以集中起来放置在塑料大棚内继续喂养，待达到上市规格后，再选择上市。

澳洲淡水龙虾耐干能力强，短途运输可使用长宽高 50 厘米×30 厘米×15 厘米的塑料筐，每筐 1 次可运输 10 千克左右的成虾。长途运输可使用泡沫箱包装，长宽高 60 厘米×40 厘米×30 厘米的普通泡沫箱可以容纳约 10 千克成虾，装箱时在箱底铺 1 层水草，水草上放置 1 层虾，高温天气往泡沫箱内部放置冰袋，使箱内温度控制在 18 ℃左右，该方法运输效果良好，可保证澳洲淡水龙虾在 24 小时内无明显损伤。

## 第七节 稻田黄鳝养殖技术

### 一、模式介绍

#### （一）模式定义

稻田养鳝是将适宜于黄鳝栖息的稻田按一定要求进行改造，使之既能种植水稻又能养殖黄鳝，形成田内水体、杂草、水生动物、昆虫以及其他物质资源被充分利用的稻田综合种养生态系统。黄鳝在田中活动能为稻田松土、灭虫、施肥，既可改善稻田生态环境，又可增产增收，且投资小，综合经济效益相对较高，是一项很有发展前途的生态农业养殖方式。

### （二）模式优势

相比于传统水稻种植和黄鳝养殖，稻田养鳝具有以下优点：

**1. 稻鳝互利共生** 黄鳝活动为水稻生长起到松土通气作用，粪便为水稻提供了良好的肥料；水稻为黄鳝提供了稳定的栖息地，既能遮阳，又能提供稻田害虫、浮游动物等天然饵料。稻田养鳝，不但粮食产量不会减少，粮食品质还能得到提升。

**2. 投资成本低** 普通稻田养殖黄鳝成本比网箱养殖黄鳝的成本更低，只需要一些塑料薄膜或乙烯网布拦截防逃，材料价格低廉。

**3. 养殖技术易掌握** 稻田养鳝技术比水泥池养殖、网箱养殖更简单、更方便。

**4. 立体种养殖，生产效益高** 在不减少粮食产量情况下，田内水体、杂草、水生动物、昆虫以及其他物质资源被充分利用，增加了额外的黄鳝养殖收入，一水多用，一地双收。

## 二、稻渔工程

### （一）稻田选择

不是所有稻田都适合养殖黄鳝，养鳝稻田需具备以下条件：水源充足、水质清新无污染；排灌便利，有条件地区可以充分考虑利用地势自流进排水以节约电力提水的成本；稻田保水性能好、天旱不干、大雨不淹、洪水不涝；黄鳝喜打洞穴居，故选择黏性土壤为佳；稻田肥力强、敌害生物活动少；位置通风、透光、交通方便；田块面积不宜过大，以 1～3 亩左右比较适宜，便于管理。

### （二）田间工程

稻田水位较浅，夏季高温对黄鳝影响很大，必须在稻田里开挖鳝沟和鳝坑，为黄鳝营造适宜的栖息环境。在水稻施肥和喷药时，鳝沟和鳝坑成为黄鳝的庇护所。目前稻田养鳝多采用垄稻沟鱼式养殖结构，也有沟溜式、田塘式和流水沟式结构。垄稻沟鱼式结构，即垄上种稻，沟中养鳝，在稻田中开挖宽44 厘米、深 33 厘米的沟；垄面约 77 厘米宽，垄上可栽植四行稻秧，行距为宽窄行，正中间大行间距 33 厘米，两边小行 20 厘米，边行至沟边 3 厘米，采取缩小株距的办法弥补基本苗的不足，株距可为 10～13 厘米。用沟溜式结构时，在稻田四周开挖鳝沟、鳝坑，稻田面积大时还要在稻田中央开挖"十"字形或"井"字形沟。沟宽约 30 厘米，深 50 厘米，在稻田四周或稻田四角或稻田中间开挖鳝坑，鳝坑面积 10～20 平方米，深 80～100 厘米，与鳝沟相连接，鳝沟和鳝坑所占稻田总面积不超过 10%。使用田塘式结构时，在田的一头开挖 100 厘米深的鳝坑，其面积可占整个稻田面积的 5%～8%，在稻田四周和中间开挖深 50 厘米、宽 50 厘米左右的沟，其形状呈"田"字形、"十"字形或"井"字形。开挖鳝沟、鳝坑的泥土用于加宽加高田埂。

也有在稻田中设置网箱养殖黄鳝的，网箱面积 10～20 平方米，高 1～2 米，用牢固耐用、细孔径的网布制成。网箱养殖法是先将田中水排干，按照网箱形状和大小挖坑，坑深 40～50 厘米，把网箱放平，网箱四角用木桩支起张开，将挖起的泥土回填入网箱，垒成泥埂或铺平，网箱内的泥面和田面基本持平，泥面以上网箱高出 60～80 厘米。网箱中禾苗按照常规栽插，早稻收割后网箱中种水花生供黄鳝栖息，水花生面积占网箱面积的 90%。

加高、加固田埂以提高水位、防漏水和黄鳝逃逸。将田埂加高 50～100 厘米，底宽 60 厘米，顶宽 45 厘米，用坚硬含黏性的泥土捶紧夯实，四周埂壁越光滑越好。用 9 目的聚乙烯网布沿着田埂围成防逃网。网布高度约 1 米，下端入泥 40 厘米，上端高出泥面 60 厘米，可用竹尾或木桩支撑网布。

开挖进水口、排水口和溢水道。进水口、排水口开在稻田两边的斜对角，可使田内水流均匀流转，稻田面积大的要多开几个，用混凝土砌好。进排水口处和溢水道处都要装设密眼铁丝网罩防护，以免黄鳝在灌、排田水时逃逸。

## 三、稻田种养的水稻栽培与管理

### （一）水稻品种选择

养殖黄鳝的稻田一般只种一季稻，选择适宜的高产优质水稻品种尤为重要。水稻品种要选择分蘖能力强、叶片张开角度小、根系发达、茎秆粗壮、抗病虫害、抗倒伏且耐肥性强的紧穗型高产优质品种，以生长期在 140 天以上的品种为宜。

### （二）水稻栽培

**1. 栽培前的准备工作**

（1）稻田清整、消毒。稻田是黄鳝的栖息地，稻田环境条件直接影响黄鳝的生长和发育。对已养黄鳝的稻田进行曝晒，多年使用的稻田尤其是田间沟，阳光的曝晒非常重要，一般可在冬闲时进行。先抽干田间沟的水，查洞堵漏，疏通进排水管道，翻耕底部淤泥，将田间沟底部晒成龟背状，以利于消灭田中的有害微生物。鳝苗入田前必须清除田间底层过多的淤泥，因为淤泥中积累了大量动物粪便和剩余饲料，是有害微生物的良好栖息地，黄鳝喜欢钻泥，致病菌太多容易染病。在鳝苗投放前 15 天，稻田清整后用生石灰以 200 千克/亩的用量对稻田进行消毒。将生石灰放入塑料桶等容器化开成石灰浆，包括田埂在内全池均匀泼洒，田埂边的鼠洞蛇洞直接灌入石灰水，能彻底杀死病害。在整地备耕完成之后施足基肥以提升稻田土壤的质量。

（2）苗床准备。选择无污染、无杂草、进排水良好、土壤肥沃、背风向阳的地块作苗床地；准备育苗用的食用盐、浸种药液、塑料地膜等；配制疏松肥沃、营养丰富、渗透性良好的苗床土。

**2. 水稻栽培**

（1）晒种选种，浸种催芽。水稻育苗前一定要选种以清除空秕稻粒和杂草籽。选种前晾晒稻种 2～3 天可以增加种子发芽势和发芽率，以及杀死部分附着在稻壳上的病菌。晒种后用盐水选种，相比于清水选种，盐水选出的种子份量足，颗粒饱满，更适宜做种子。具体方法是将水和食盐按照 4∶1 的比例配制盐水，此时盐水比重约为 1.13。检测盐水浓度可用新鲜鸡蛋放入配制的盐水中，蛋壳露出五分硬币大小为宜。放入稻种后要充分搅拌，使空秕稻粒和杂草籽漂浮在盐水上面并清除。然后捞出下沉的种子，再用清水洗 2 次，洗掉盐分防止盐害。每次放入盐水中的种子量不要超过盐水体积的 1/2，同时要监测盐水的浓度，随时补充浓盐水。

种子干燥时含水量低，代谢活动微弱，只有吸足水分使种皮膨胀软化易破裂，种子代谢活动增强，才能加速种子发芽过程，因此浸种在这一过程中显得尤为重要。对于恶苗病、稻瘟病、白叶枯病等依靠种子传播的水稻病害，药剂浸种（包衣种子除外）是防治该类病害的最方便、经济、有效的技术措施，也是推进农药减量控害的有效途径。药剂浸种可用咪鲜胺乳油（商品名为使百克，有效成分含量 25%）或 12% 氟啶·戊·杀螟处理种子，或枯草芽孢杆菌生物制剂进行浸种。根据稻种量，取适量药剂先用少量水稀释配成母液，将配好的母液按说明书比例兑准水量，搅拌均匀配成药液，再将稻种倒入药液，根据浸种时的水温适当调整浸种时间。注意药水配制浓度要准确，特别是亩用种量较少的稻种要确保浸种药液浓度比例，以防因浓度过高而发生药害。机插稻分批浸种时切忌废液再利用，防止药剂浓度下降和病菌污染降低防效。

浸种结束后开始催芽，根据选用浸种药物品种，选择是否需要清水冲洗后再催芽。将浸好的种子捞出，用纱网袋或透气编织袋催芽，稻种升温后温度控制在 30～32 ℃，温度过高时要翻堆，催芽时每天翻动一两次，防止高温烧种。约 20 小时后种子露白破胸，适当补水增氧，然后进行晾芽，散去多余的热量和水分。用种量需求大的养殖户可使用水稻标准化智能浸种技术，通过电脑及专业软件实现自动控温、控水、控氧。

（2）培秧选苗。培育壮秧是水稻增产关键措施之一，育苗方式按照水分管理方法有水育苗、湿润育苗和旱育苗，其中旱育苗省种、省肥、省水、省地且操作简单，秧苗栽到大田后具有发根快、返青早、生长速度快、分蘖多而快、病虫害轻、结实率高等特点，因此备受欢迎。育苗前整平苗床并施足肥、浇足底水，然后对苗床进行消毒去除土壤中的病菌，最后将处理好的种子均匀撒在苗床上，用苗床基质或细土覆盖种子，盖种后用旱育秧专用除草剂均匀喷雾1次，0.5小时后平铺上1层塑料薄膜以保温，出苗60%后可揭去平铺膜。旱育苗整个育苗过程不建立水层，秧苗后期可以沟灌润水。秧苗秧龄达到30天后，挑选根系发达、生长旺盛、个体差异小、叶色深绿无黄叶枯叶、无病虫、有3个以上分蘖的壮秧适时移栽，移栽前20天最好能普施1次高效农肥。移栽后秧苗生长快，有效减少追肥的次数和用量以及晒田次数和晒田时间，降低施肥、晒田对黄鳝的影响。

（3）合理密植，栽足基本苗。养鳝稻田采用半旱式栽培法时，浅水移栽秧苗，栽插深度以2～3厘米为好，栽种时采用宽行密株方式，行距约30厘米，株距13～16厘米，在鳝沟、鳝坑周围适当密植，充分发挥边际优势，减少因开挖沟、坑造成的基本苗损失。

（4）科学管水。稻田水域是水稻和黄鳝共同的生活环境，在生产中水的管理以水稻为主，主要依据水稻的生产需求兼顾黄鳝的生活习性适时调节。秧苗返青期应保持浅水（水深4～6厘米）以利于秧苗扎根立苗，水深易漂苗、倒苗，无水时叶片萎蔫返青延迟；秧苗返青后田中浮游生物较多，可让黄鳝进田取食；分蘖末期水稻群体达到有效分蘖数后排水晒田，以控制无效分蘖，晒田期间鳝沟、鳝溜中保持水位15～20厘米；孕穗期至抽穗扬花期需深水（水深约20厘米）以保证水稻正常抽穗和开花授粉，以及在此黄鳝生长旺盛期增加其活动空间；灌浆结实期采取"干干湿湿，以湿为主"的灌溉方法。一般稻田3～5天换1次水，盛夏高温时1～2天换1次水。

**3. 资料记录** 稻田综合种养殖逐步走向标准化、规范化，记录稻田种养殖的整个过程越来越受重视。一方面资料记录能让消费者充分相信产品的安全性，另一方面也为稻田养鳝积累持续的生产经验和销售经验。

（1）产地地块图。清楚标明水稻生产田块的地理位置、田块号、边界、缓冲地带和排灌设施等。

（2）农事活动记录。真实记录整个生产过程，包括投入品的种类、数量、来源、使用原因、日期、效果，以及出现的问题和处理结果等。

（3）收获记录。记录收获的时间、设备、方法、田块号、产量、批次、编号。

（4）仓储记录。记录仓库号、出入库日期、数量、稻谷种类、批次及对仓库卫生清洁所使用的工具、方法等。

（5）标签及批次号。标签上标明产品名称、产地、批次、生产日期、数量、内部检验员号等。

（6）稻谷检验报告。有机稻谷出售前要有国家指定部门的稻谷检验报告。

（7）销售记录。记录销售日期、产品名称、批号、销售量、销往地点及销售发票号码。

### （三）施肥与病虫害防治

**1. 合理施肥**　养鳝稻田仍要施基肥，基肥在平整稻田时施入，采用农家肥和化肥配合施用的增产效果最好。每亩可施农家肥 300 千克、尿素 20 千克、过磷酸钙 20～25 千克、硫酸钾 5 千克，也可以用复合肥做基肥，每亩施用 15～20 千克。秧苗在分蘖期可追施尿素，以促进分蘖，施肥时勤施薄施，每亩稻田不超过 5 千克。水稻抽穗前增施钾肥，可增强抗病性，防止倒伏和提高结实率。追肥时先排低稻田水位，让黄鳝集中到鳝沟、鳝坑中，有利于保护黄鳝，也有利于肥料迅速沉积到泥中被禾苗吸收，随后加深田水到正常深度。

**2. 病害防治**　养殖稻田的害虫主要有稻蓟马、稻飞虱、卷叶虫、二化螟、三化螟等，稻田养殖黄鳝，黄鳝本身摄食稻田中的昆虫，有效降低了病虫害发生率，减少农药的施用量。稻田病害管理以防控为主，如果稻田病害严重再施以高效低毒农药。病害防控包括生物防控和物理防控。

生物防控时可以投放天敌，如在水稻分蘖期可以视情况于田间抛投含有即将羽化赤眼蜂的放蜂器，利用赤眼蜂防治水稻二化螟；也可以利用生物制剂防治水稻病害虫，如用苏云金杆菌制剂防治水稻螟虫，苦参碱生物制剂喷雾防治二代黏虫，10％枯草芽孢杆菌生物制剂喷雾防治稻瘟病和纹枯病等；还可以利用生物多样性进行绿色防治，稻田一方面要及时清除田间和田埂的杂草，减少中间寄主，另一方面可在田边田埂种植香根草、大豆等吸引控制害虫。香根草全草可观赏可药用，须根可提取精油，利用价值非常高，可视市场需求量种在田埂上。采用物理防治时，可安装太阳能杀虫器捕杀水稻病害虫，用无纺布育秧以遏制灰飞虱传毒危害，切断条纹叶枯病和黑条矮缩病的传播途径。

稻田病虫害严重时，应选用高效、低毒、低残留农药如灭瘟素、链霉素、多菌灵、噻嗪酮、井岗霉素等。用药时先加深田水至 10 厘米以上，以降低药物浓度，减轻药害。施药时喷头向上对准叶面喷施，尽量喷洒在水稻茎叶上，避免药物落入水体毒害黄鳝。水剂在晴天露水干后喷洒，粉剂在早晨带露水时撒，施药后稻田立即换水。下雨天或雷阵雨前避免施药。

## 四、稻田种养的动物养殖

### （一）种苗放养

**1. 品种选择**　首选深黄大斑鳝，该鳝颜色深黄，全身分布着不规则的褐黑色大斑点，对环境适应能力强、抗逆性强、生长速度快，每千克生产成鳝的增重倍数（指起捕时的平均净增重和放养时的苗种平均重量之比）高达5～6倍。个体大，饲养1年可达300克，为上等养殖好苗；备选金黄色小斑鳝，该鳝身体颜色浅金黄色，全身分布着不规则的细密黑褐色小斑点，对环境适应能力较强，生长速度较快，但比深黄色大斑鳝要慢，每千克生产成鳝的增重倍数是3～4倍，为中等好苗；不选灰色泥鳝、杂色鳝，因其对环境适应能力较差，抗逆性不强，生长速度较慢，每千克生产成鳝的增重倍数仅为1～2倍，养殖效益差，一般不宜选作人工养殖品种。

**2. 苗种采购**　黄鳝苗种主要来源于收购的天然苗种和人工自繁苗种。如果从市场上收购天然苗种应把握好购买关。购买时要弄清鳝种来源，严格挑选，笼捕的鳝种损伤少，放种后成活率高，条件允许的情况下，尽可能亲自到捕鳝户中挑选。电捕鳝、药捕鳝、钓捕鳝一般不能用于养殖，放种后成活率极低。经过多道贩卖转手的鳝苗也不宜收购，这样的鳝苗质量难以得到保证。

在确实无法保证来源的情况下，应挑选无病无伤、体质健壮、游动活泼、手抓时有较大的挣逃力量的鳝苗。凡体表有明显病灶、尾部发白呈絮状绒毛、肛门红肿发炎突出、体色发红、头大体细甚至呈僵硬状卷曲颤抖的都是病鳝；口中伴有针眼、头部皮肤擦伤、腹部皮肤磨伤、身体有针叉眼的鳝苗都是伤鳝；手抓即着、柔软无力、两端下垂者、"浮头"、肚皮朝上的是弱鳝或药鳝。这些病鳝、伤鳝、弱鳝和药鳝不能用于饲养，挑选时都应剔除。

鳝苗规格要适宜且整齐，鳝苗数量要适宜。放养的苗种规格以20～30克/尾为好。每亩放养量为1 500～2 000尾，按照稻田放养面积计算所需购买鳝苗量。

**3. 盐水浸选**　由于黄鳝的伤有内伤及外伤，靠一条一条挑选很不现实，可用盐水浸选，按1千克黄鳝配1千克盐水（每10千克水中加入0.3～0.6千克食盐）比例，将浓盐水盛于盆中，使盆内的水深为盆深的3/4。倒入购回的黄鳝，此时一部分黄鳝因伤口被盐水灼痛而拼命猛射，跳出盆外，这些多是伤鳝；一部分黄鳝对盐水毫无反应，在盆内自由游动，这是健康鳝可用于养殖；一部分黄鳝在盆底伏卧不动，用手一抓即着，浑身瘫软，这些多是病鳝，病鳝和伤鳝都不宜用于养殖。

**4. 鳝苗放养**　挑选健康、规格整齐的鳝苗，于秧苗返青后放养，放养前用3%～5%食盐水消毒10分钟，以杀灭水霉菌及体表寄生虫，防止鳝种带病入田，消毒前需注意调节温差。避免使用消毒剂泡苗，经过长时间运输，鳝鱼体质变得较差，所有消毒剂对鳝鱼都有一定的刺激。

每亩稻田放养规格为20～30尾/千克的鳝苗1 000～1 500尾，也可以放养800～1 000尾鳝苗同时套养5%的泥鳅，泥鳅数量不可过多，以免与黄鳝抢食。泥鳅上下窜动可增加水中溶氧量并可防止黄鳝相互缠绕。注意苗种放养时温差不能过大，切勿用冷水冲洗鳝苗，以防鳝苗患"感冒病"。黄鳝有自相残食的习性，如有不同规格的鳝苗要按照规格大小分田块放养。

### （二）饵料投放

黄鳝是肉食性鱼类，饵料以田中昆虫、蚯蚓、小鱼、小虾、螺、蚌、蝇蛆、鲜蚕蛹为主，可喂食畜禽内脏、碎肉、下脚料，适当搭配麦芽、豆饼、豆渣、麦麸、蔬菜，还可以驯化投喂人工配合饲料。训食方法如下：鳝种下田后先让其饥饿 2～3 天，黄鳝体内食物全部消化，处于空腹状态时，可以在傍晚投喂黄鳝喜食的蚯蚓和切碎的小杂鱼或动物内脏，第一次按照鳝种总体重的1%～2%投喂，吃食正常后可掺入蝇蛆、蚕蛹、米糠等喂食，投饲量视吃食情况逐渐增加到总体重的 3%～4%，水温 26～28 ℃是黄鳝最适宜的生长温度，投饲量可增加到总体重的 6%～7%。

投喂时坚持"四定""四看"原则，"四定"即要定时、定点、定质、定量。

（1）定时。黄鳝有昼伏夜出的摄食习性，故投饵时间最好安排在傍晚18：00—19：00，根据具体天气情况可做适当调整。

（2）定点。饲料投放点（即食台）应固定，食台尽可能放在沟坑中央或网箱中央，在形成一定习惯后，尽量不要变动食台的位置。

（3）定质。饲料以动物性蛋白为主，力求新鲜，最好是鲜活料。小规模养殖时可采取培育蚯蚓、豆腐渣育虫等活饵喂养黄鳝，也可在鳝沟、鳝坑上方40 厘米处设置 30～40 瓦的黑光灯引诱昆虫供黄鳝摄食。如果使用人工配合饲料最好泡软一些再进行投喂，养殖过程中尽量不要更换饲料的品牌，不同厂家生产的饲料从原料到制作工艺大有不同，更换饲料品牌易导致黄鳝应激性厌食或不吃食的情况的发生。

（4）定量。日投量保持定量，一般为总体重的 2%～4%，具体要根据天气、水温和残饵的多少灵活掌握。如果投喂太多，黄鳝因贪食会胀死，残饵剩在田中会破坏水质；投喂太少黄鳝进食不足影响生长。气温低、气压低时少投，天气晴朗、气温高时多投，以第二天早上不留残饵为准。7—9 月摄食旺季可多投，10月下旬温度降低，黄鳝基本不摄食，可停止投喂。

"四看"即看季节、看天气、看水质、看食欲。根据不同季节、不同天气、不同水质、实际的吃食情况合理投喂，做到黄鳝摄食适量可快速增长，不留残饵、不败坏水质、不留病根。

### （三）日常管理

养殖期间要坚持每天早、晚巡田，及时清除污物和残饵，确保水质清新，注意水质变化，适时加注新水，避免邻近农田的化肥、农药流入田中。黄鳝生长期间 5～7 天换 1 次水，每次换水量 20%，盛夏每 2～3 天换 1 次水。平时每 15 天左右向田中泼洒 1 次生石灰水，每立方米水加 10～15 克生石灰溶化后泼洒。闷热的夏天特别注意黄鳝的活动变化，如身体竖直、将头伸出水面，表示水体缺氧，需加注新水增氧。暴雨时及时排水，以防池水外溢鳝苗逃跑。

黄鳝一旦发病，一般药物难以控制，应坚持"生态防病为主，药物防治结合"的原则。严格挑选种苗，勤换水。平时认真观察黄鳝生长、吃食情况，发现疾病及时治疗。鳝病多发季节，增加巡田次数，及时清除死鳝，发现病鳝及时治疗或隔离处理以免传染；使用新鲜无污染的饲料，以预防鳝鱼病害。水稻施肥、喷药前要加高水位降低药物浓度，或把黄鳝引诱到鱼坑内，排干田中的水再进行。

雨天要检查进排水口、溢水口是否畅通，大雨天气要及时排出稻田内过量的水，防止水位上涨、溢水逃鳝。平时经常检查田埂四周、进排水口等处防逃设施，如有损坏及时修补，以免黄鳝逃逸造成损失。稻田养鳝要防范老鼠、水鸟等天敌，发现敌害可进行人工捕捉或驱赶；同时清除田中或田块四周绳索、柱桩等非必要的鸟类栖息物。

高温时增加换水次数，可适当加深水位，保持良好的水质和较低水温。夏季可在鱼坑上搭棚遮阳，鳝坑内少量种植水花生、水葫芦或水浮莲，既净化水质，又降低水温。

留待春节前后出售的黄鳝，或需要留种时，要注意越冬管理。越冬前加大投饵力度，饵料以动物性蛋白等优质饵料为主，使黄鳝多储存营养，以便安全过冬。进入冬季，水温降至 10 ℃以下时，可放干田水，在鳝坑、鳝沟中保留一定水位，让黄鳝钻入泥中冬眠，再排干鳝坑、鳝沟中的水，使土壤湿润，在上面覆盖一层 5～10 厘米厚的当年稻草防寒保暖。经常观察，发现异常及时处理。

## 五、收获

### (一)起捕

成品鳝一般在 10 月下旬至 11 月中旬捕捞，元旦、春节期间销售市场好价格高，捕捞也多在此时进行。黄鳝捕获方法很多，可根据实际情况进行选择。

**1. 流水捕捉** 黄鳝喜欢栖息在微流清水中，可采取人工控制微流清水法捕鳝。先将稻田水缓慢排出 1/2，再从进水口缓慢放入微量清水，出水口继续排出与进水口相等的水量，同时在进水口的鳝坑中设置一个与坑底面积相等的网，网沉入坑底，每隔 10 分钟取网 1 次，经过几次操作基本上可以捕完 90% 以上的成鳝。

**2. 食物诱捕** 先用 2～4 平方米的网片做成一个兜底形状的网放在水中，在网片的正中心放上诱食性强的蚯蚓等饵料，随后盖上芦席或草包沉入水底，

0.5小时左右将网兜四角迅速提起，可捕获大量黄鳝，经过多次诱捕后，起捕率高达80%～90%。

**3. 排水挖捕**　水稻收割后，水温降至10℃左右时黄鳝开始越冬穴居，此时是大量捕捞鳝鱼的好季节。要及时放干田间水，用湿稻草覆盖田面，保持土壤湿润。待到年关挖土取鳝，随捕随挖。可从稻田一角开始，挖捕时将黄鳝翻出拣净，按照规格大小不同分开，暂养待售，种鳝和鳝苗及时放养越冬。种鳝要求体质健壮、无病无伤、黏液完好、行为敏捷。雌鳝体长25～30厘米，雄鳝体长40厘米以上。翌年开春后对其进行强化培育，便可繁殖育苗。

无论是是网捕还是挖捕，都尽量不要让鳝体受伤，以免引起病害和降低商品价值。

**（二）运输**

黄鳝体表富含黏液，运输时密度较大容易造成黏液积累。黏液在水体中若不及时清除会发酵产生热量，易导致水温急剧升高，使黄鳝有"发烧"感觉，黄鳝相互纠缠翻滚，造成批量死亡。为防止运输过程中造成受伤或死亡，应选择表面光滑的容器盛装，密度宜小，经常换水，同时添加适量的药物，一般每50千克鳝种加水50千克，放生姜2片、泥鳅5条、青霉素2克，泥鳅可防黄鳝纠结成团，增加溶氧量，生姜和青霉素可抑制水体细菌繁殖，也可对伤口进行消炎。

## 六、销售

稻田养鳝的运作模式主要有五种，不同的运作模式销售方式有所区别，可根据实际情况自行选择。

**（一）自产自销模式**

养殖户将自己生产的成品鳝拿到菜市场上销售，或自己有专门的销售渠道，如特定供应某饭店、餐馆、超市等。这种销售模式的优点是可以减少中间商赚差价，养殖户争取收益最大化，缺点是需要付出更多精力和时间，且销售量不固定，易受天气、周围卖家竞争等影响。

**（二）自己养殖他人销售模式**

养殖户将生产的成品鳝卖给小商贩，小商贩经过筛选后按规格大小等不同市场需求再次售卖。这种销售模式省时省力，但小商贩不固定，难以保障销路。使用这种销售方式时，建议和多个可靠买家建立联系，及时提供优质产品，以稳定供销关系。也有些养殖业发达地区形成了专业销售经纪人队伍，他们承担着稻田养殖生产中的运输和销售环节，把养殖产品的流通从生产中剥离出来，解放养殖户的同时，也让稻田养殖产品能进入社会化大市场。

### (三)"龙头企业＋养殖户"模式

当地专门生产黄鳝的龙头企业联系养殖户从事黄鳝养殖,企业提供质优价低苗种和技术指导,收获季节按照约定的保底价格收购养殖户的成品鳝后,统一销售。龙头企业有专业的技术、防疫、加工和销售队伍,能给养殖户提供技术、苗种供应、渔需物资、收购商品鳝等服务,养殖户提供养殖场所、部分资金和劳动力,双方互利共赢。"龙头企业＋养殖户"逐渐形成了产、供、加、销的"一条龙"模式。该模式在解决企业和养殖户难题的同时,还额外带动了加工业和运输业,解决了农村剩余劳动力问题。但该模式也存在契约不稳定问题,价格条款、农户专用性投资或预付保证金、农产品专用性程度与社会资本嵌入等因素,会影响农户与公司契约的稳定性。订单农业中龙头企业与农户存在履约困难与违约率高等问题。

### (四)合作社模式

成立黄鳝养殖合作社,由合作社统一供种、统一技术、统一管理、统一用药、统一收购、统一价格。合作社能扩大黄鳝养殖的规模,增加养殖户在市场的话语权,也避免了养殖户之间的无序竞争压价。

### (五)"龙头企业＋合作社＋农户"模式

该模式是贵州省实现小农户和现代农业发展有机衔接的主要媒介,在助力脱贫攻坚中发挥重大作用。

龙头企业、合作社、农户三个农业经营主体积极参与,形成"命运共同体"。龙头企业的销售不同于传统的单一模式售卖产品,它发挥着发展加工、搞活流通、开拓市场、打造品牌等龙头作用。合作社作为农户与龙头企业联结的纽带和利益协调的主要渠道,加强了对分散农户机会主义行为的监督和约束,也有利于规避农业企业单方面对养殖户利润的剥夺。该模式优点突出,克服了过去一家一户抵御市场风险能力弱、养殖技术不熟悉、产品影响力小等弊端,为农业新技术、新品种的推广提供了广阔平台和有力支撑,消除了农户的后顾之忧,从而促进产业规模化发展;有利于打造有机产品的品牌,注册农产品商标,使得产品品牌化;加强了产业标准化建设,在农业园区、龙头企业、合作社推行"统一品种、统一标准、统一品牌、统一加工、统一销售"的发展模式,从根本上保证农产品的质量、安全和品牌,更能赢得市场信任。

## 七、效益分析

### (一)经济效益

稻田养鳝在不破坏稻田原有生态系统、保证粮食产量的同时,收获一定数量的成品鳝,且成品鳝的价值远高于稻米价值,直接增加了稻米之外的额外收益;一般每亩稻田在不减少稻谷产量(亩产量约 500 千克)或在稻谷产量略有增加的前提下，可净产 50～100 千克黄鳝。稻田养鳝模式下获得的稻谷和成品鳝因为是生态养殖，稻米和黄鳝的销售价格较普通稻谷和黄鳝价格更高。

黄鳝的粪便、残饵起到肥水作用，整个养殖过程中稻肥施用量减少；黄鳝捕食田中害虫，降低了饲料成本和稻田农药使用成本。在开源与节流的共同作用下，稻田养鳝成为农业增收、农民致富的途径。

### （二）生态效益

长期以来，黄鳝主要以捕捞天然资源供应市场，但随着国内外市场的扩大，野生资源逐渐减少。稻田养鳝充分发挥了稻田优势，为黄鳝提供了天然饵料、充足水源和稳定的栖息环境，促进其快速生长。稻田养鳝解决了供需矛盾，保护了自然资源。

黄鳝的粪便、残饵起到肥水作用，减少了稻肥施用量；黄鳝捕食田中害虫，一方面满足了饲料需求、降低了饲料成本，另一方面控制了稻田病害，减少了农药施用量。无机肥和农药投入量的降低，明显减轻了常规稻作因大量施用化肥和农药带来的土壤贫瘠化和农业污染。此外，黄鳝在稻田中活动可以松土通气，粪便排入田中增加稻田肥力，改善了土壤状况。

### （三）社会效益

稻田养鳝模式遵循自然、立体、循环生态学原理，能提高土地利用率，符合我国人口众多、人均耕地面积少的国情；稻田养鳝是在不破坏稻田原有生态系统、保证粮食不减产的条件下进行，水稻产量稳定，市场稻谷供应不受影响，粮食稳定有利于社会安定；因为生态种养殖，稻谷品质得以提升，并以较低成本增加了成品鳝的数量，农民实质性增收；由于绿色生态种植养殖，产出的稻米无农药残留，稻米品质优良，推动了生态食品品牌诞生。

# 第八节　稻田蛙养殖技术

## 一、模式介绍

### （一）模式定义

稻田养蛙是一种将水稻种植和蛙类养殖有机结合起来的新型绿色生态养殖模式，通过构建稻田生态系统，使稻田既能种植水稻又能养殖蛙类，充分发挥物种间互利共生作用，促进物质和能量的良性循环，产出绿色水稻和健康蛙类。

### （二）模式优势

稻田养蛙不仅提高了稻田产量，产出优质无污染稻谷，还为消费者提供了大量高品质蛙类。近年国内大量实践证明，稻田养蛙模式防治水稻病虫害的作用优于施用农药的效果，我国南方以蛙治虫成为水稻病虫害生物防治的主要措施，因其简单易行，在预防病虫害的同时也减少了农药污染，值得大力提倡和推广。

**1. 一水两用，一地双收**　稻田养蛙在不破坏稻田原有生态系统和不增加水资源使用情况下，既保证了粮食产量，又收获了一定数量的成品蛙，充分发挥稻田生产力，直接提高了经济效益。

**2. 投入减少，成本降低**　蛙的粪便、残饵起到肥水作用，整个养殖过程不施加或少量施加稻肥。如果确实需要施肥，以施基肥为主，用有机肥代替化肥。田中害虫为蛙类提供了天然饵料，蛙的饲料成本得以降低，加之稻田农药、化肥施用量没有或极大减少，养殖户的种养殖成本大大降低。

**3. 品质提高，收入增加**　自古以来，安全、口感好的食品都更受市场青睐。随着生活水平的提高，人民群众也更倾向于无公害产品、绿色食品甚至是有机食品。相比于普通稻谷和单一养殖蛙类，稻田养蛙模式下获得的稻谷因其是生态种植，粮食安全方面更让人放心，口感也更好。收获的蛙因为食物组成多样化，肉质更细腻、味道更鲜美，因此谷物和蛙的售价也更高。一田两用，稳定粮食产量的同时，额外增加了养蛙的收入，也因为品质的提升，实现了"1+1>2"的生产效果。

**4. 生态友好，政府支持**　蛙类大量捕食稻飞虱、螟虫、稻苞虫、稻纵卷叶螟、稻蓟马、稻蝗、稻叶蝉、蚜虫等田间害虫，起到了生物防治虫害的作用，减少了农药施用量；蛙类的粪便和残饵为稻田提供肥力，减少了化肥施用量。无机肥和农药投入量的减少，明显减轻了常规稻作因大量施用化肥和农药带来的土壤贫瘠化和农业污染，使得稻田生态环境向友好型发展。

## 二、稻渔工程

### （一）稻田选择

**1. 水源充足，排灌方便**　养蛙稻田需雨季不淹旱季不干涸。平原地区一般水源较好，排灌系统完善，抗旱抗洪能力强，大多数稻田均可用来养蛙；平坝地区水源较好也适合稻田养蛙；丘陵山区水利条件差的地方，雨大时易暴发山洪冲垮田埂，造成养殖蛙类逃跑，干旱时缺水田干蛙类容易死亡，因此在丘陵山区进行稻田养蛙，需选择大雨时不淹没田埂、干旱时能持续长时间抗旱的稻田。水源足，但是容易涝、排水不畅的稻田不适合养蛙，这种稻田水质容易变坏，易引起动物发病。养蛙的稻田要有配套的水利设施以方便排灌，能保证一昼夜80～150立方米的排灌量，天旱时能及时灌水，雨量大时及时排水。

**2. 水质清新，水体无污染**　水质良好，符合《无公害食品　淡水养殖用水水质标准》(GB 11607—1989)，一般湖泊、河流、池塘、水库的水都可以引用，这些水源水质肥，有利于水稻和蛙类生长。稻田不能有生活污水、农田废水、工业废水等污染水源流入。一般来说，适合养鱼的稻田都适宜养蛙。

**3. 土质肥沃，保水性好**　土质肥沃的稻田有利于水稻生长，也有利于水中浮游生物的生长，间接为蛙类提供饵料。养蛙稻田以熟化程度高、肥力好、中性或微碱性土壤为宜，新开的稻田因为土壤贫瘠，田间饵料生物少，养殖效果较差。壤土、黏土保水力强，且不容易漏水和跑肥，不但可以减少稻田灌溉次数节约成本，还可以使蛙沟和蛙坑保持适当水位，稳定水温；沙质土壤渗水速度快耗水量多，肥料分解快，土壤比较贫瘠，且土温不稳定，除水源充足且能自流灌溉外，一般不适合用于稻田养蛙。

**4. 光照充足，地势开阔**　光照充足的稻田，能提供适合蛙类生长的水温。水温适合，蛙的活动力强，摄食旺盛，生长迅速，水中浮游生物生长繁殖速度加快，蛙的天然饵料增多。地势开阔的稻田光照时间长，水温上升快。深山中的夹山冲稻田由于高山遮挡，稻田每天光照时间短水温低，容易限制蛙类及其天然饵料的生长速度。因此，养蛙的稻田应选在光照充足、地势开阔且向阳的地方。

**5. 田块大小**　养蛙的田块面积可大可小，从几十平方米到数千平方米都可以，如果稻田种养能实现规模化和现代化，则选用田块的面积越大越好。山区、丘陵地区受地形地貌限制，田块面积不大，种养模式适合采用平板式或沟坑式；平原地区种养模式通常采用水凼式和宽沟式，因宽沟占田块面积比例大，田块小不易操作，最好选择大小在 10 亩以上的田块。

**6. 交通便利**　养蛙的稻田要有便利的交通条件，方便运输饲料、养殖设备、蛙苗和商品蛙等。如果位置太偏僻且交通不便，不仅影响养殖户运输，还影响客户往来。

**（二）田间工程**

**1. 规划面积，合理布局**　通常修建蛙坑和蛙沟的总面积不超过稻田面积的 10%，可另留 10% 的面积用于种植芋头、葡萄、花草等陆地作物以供蛙类避热栖息。

**2. 开挖沟坑，加固田埂**　选好稻田后开始开挖蛙沟和蛙坑，在进水口附近开挖 1～3 个蛙坑，坑的面积在 1～2 平方米，坑深 40～60 厘米，坑与坑之间通过蛙沟相连，蛙沟沿着稻田四周开挖，宽约 30 厘米，深约 50 厘米。蛙坑和蛙沟供晒田、施肥、用药时蛙类栖息使用。面积稍大的稻田，可以视稻田面积和形状，开挖"目"字形蛙沟，沟长与稻田长度相等，沟宽 1 米，沟深 50～60 厘米。开挖蛙坑和蛙沟的土用于加高加厚田埂，田埂截面呈梯形，埂底宽 80～100 厘米，顶部宽 40～60 厘米。田埂高度视稻田地理位置而定，丘陵地区的田埂应高出稻田平面 40～50 厘米，平原地区的田埂应高出稻田平面 50～60 厘米，冬闲水田和湖底低洼稻田应高出稻田平面 80 厘米以上。田埂临水的一面安砌石料护坡（可以垫水泥薄板或倒三合土墙）以使田埂不裂、不漏、不垮塌，并建好进水口和排水口。进排水口设在稻田相对两角的田埂上，用砖、石砌成或埋设涵管，宽度视田块大小而定，一般为40～60厘米，在排水口一端田埂上设1～3个溢洪口，用以控制水位。

**3. 围栏防逃** 围栏建在田埂上，在田埂上打木桩，用石棉瓦、毛竹片或聚乙烯网片围栏。优先选择聚乙烯网片，因其价格低、使用方便、透水透气性好、不易被大风雨吹倒冲垮，是良好的防逃材料。围栏网目大小约为1.5厘米×1.5厘米，具体根据放种大小决定，以不能逃出为限。围栏高80～180厘米，高度视养殖蛙的种类定。美国青蛙不善跳跃围栏高度可略低些，牛蛙善跳跃围栏高度相对较高在1.5～1.8米。为防止蛙打洞外逃，网下端应埋入地下10～20厘米。

用竹篾或铁丝网编成拦蛙网，安装在稻田的进出水口处防逃。拦蛙网宽度为排水口宽度的1.6倍。拦蛙网呈"⌒"或"⌒"形安装，在进水口处拦蛙网的凸面朝外，出水口处凸面朝里，入泥深度20～35厘米，并把网桩夯打牢固。

**4. 遮阳避热** 稻田水浅，夏季水温变化大，种双季稻早稻收获后，田中无其他庇荫物，如不设置遮阳棚，会因为水温过高而影响蛙的正常生长甚至导致其死亡。可在稻田中每条蛙沟上方平挂遮阳棚，遮阳棚长与蛙沟相同，宽1.5～2.0米；也可在蛙沟中种植莲藕、慈姑等叶大叶多植物供蛙类庇荫；田埂上种植黄豆、芋头、葡萄等大叶蔬果，供蛙类避热的同时增加经济收入，充分发挥生态养殖、立体养殖的优势。

**5. 驱赶天敌** 鸟害常发的地方，可在稻田上方用聚乙烯网片架设防鸟网。

## 三、稻田种养的水稻栽培与管理

### （一）水稻品种选择

**1. 丰产性能好，分蘖力强** 为了弥补因开挖蛙沟和蛙坑所减少的稻田面积而少插的秧苗数，需选择高产、分蘖力强的水稻品种，一般是当地推广的优质水稻品种。当地推广品种适应性强，品种获市场认可度高，有利于开发无公害稻米品牌。

**2. 茎秆粗壮，耐肥抗倒** 选择茎秆粗壮并充实、节间短、叶较窄又直立、植株较矮的水稻品种，这类品种抗倒伏性较好。由于蛙类的粪便和施肥，稻田肥力增加，稻田过于肥沃易造成水稻倒伏，故水稻品种还应选择耐肥抗倒伏品种。

**3. 抗病抗虫** 选择抗病抗虫的水稻品种，既能减少病虫害，节省药物开支，提高水稻质量，又可以避免因药物毒死田间蛙类，确保蛙类生产安全。

**4. 生长期适宜** 蛙类主要在夏、秋季节生长，应选择生育期较长的水稻品种，生育期长水稻产量高、稻蛙共生时间长。一般来说，选择生育期125～135天的中熟或中晚熟品种比较合适。早熟品种水稻与蛙共生时间短，自然资源难以充分利用，晚熟品种的生育期太长不利于下茬作物接茬，影响全年增产。

## （二）水稻栽培

**1. 栽培前的准备工作**　稻田清整消毒：稻田是蛙类生活的地方，稻田环境条件直接影响蛙的生长和发育，稻田清整有利于减少底泥好氧有机质，杀灭田间沟病原菌、寄生虫和蛇鼠等天敌，有效改善蛙类养殖环境。可在冬闲时抽干田间沟的水，查洞堵漏，疏通进排水管道，清除田间沟底部过多淤泥，将田间沟底部晒成龟背状。蛙苗投放前15天，用生石灰150千克/亩的用量消毒稻田。将生石灰放入塑料桶等容器化开成石灰浆，包括田埂在内全池均匀泼洒，田埂边的鼠洞蛇洞直接灌入石灰水，能彻底杀死病害。

**2. 水稻栽培**

（1）晒种选种，浸种催芽。水稻育苗前一定要选种以清除空秕稻粒和杂草籽。选种前晾晒稻种2～3天可以增加种子发芽势和发芽率，以及杀死部分附着在稻壳上的病菌。晒种后用盐水选种，相比于清水选种，盐水选出的种子分量足，颗粒饱满，更适宜做种子。具体方法是将水和食盐按照4∶1的比例配制盐水，此时盐水比重约为1.13。检测盐水浓度可用新鲜鸡蛋放入配制的盐水中，以蛋壳露出五分硬币大小为宜。放入稻种后要充分搅拌，使空秕稻粒和杂草籽漂浮在盐水上面并清除。然后捞出下沉的种子，再用清水洗2次，洗掉盐分防止盐害。每次放入盐水中的种子量不要超过盐水体积的1/2，同时要监测盐水的浓度，随时补充浓盐水。

种子干燥时含水量低，代谢活动微弱，只有吸足水分使种皮膨胀软化易破裂，种子代谢活动增强，才能加速种子发芽过程，因此浸种在这一过程中显得尤为重要。对于恶苗病、稻瘟病、白叶枯病等依靠种子传播的水稻病害，药剂浸种（包衣种子除外）是控制该类病害的最方便、经济、有效的技术措施，也是推进农药减量控害的有效途径。药剂浸种可用咪鲜胺乳油（商品名为使百克，有效成分含量25%）或12%氟啶·戊·杀螟处理种子，或枯草芽孢杆菌生物制剂进行浸种。根据稻种量，取适量药剂先用少量水稀释配成母液，将配好的母液按说明书比例兑准水量，搅拌均匀配成药液，再将稻种倒入药液，根据浸种时的水温适当调整浸种时间。注意药水配制浓度要准确，特别是亩用种量较少的稻种要确保浸种药液浓度比例，以防因浓度过高而发生药害。机插稻分批浸种时切忌废液再利用，以防药剂浓度下降和病菌污染降低防效。

浸种结束后开始催芽，根据选用浸种药物品种选择是否需要清水冲洗后再催芽。将浸好的种子捞出用纱网袋或透气编织袋催芽，稻种升温后温度控制在

30～32℃，温度过高时要翻堆，催芽时每天翻动一两次，防止高温烧种。约20小时后种子露白破胸，适当补水增氧，然后进行晾芽，散去多余的热量和水分。用种量需求大的养殖户可使用水稻标准化智能浸种技术，通过电脑及专业软件实现自动控温、控水、控氧。

（2）培秧选苗。培育壮秧是水稻增产关键措施之一，育苗方式按照水分管理方法有水育苗、湿润育苗和旱育苗，其中旱育苗省种、省肥、省水、省地且操作简单，秧苗栽到大田后具有发根快、返青早、生长速度快、分蘖多而快、病虫害轻、结实率高等特点，因此备受欢迎。育苗前整平苗床并施足肥、浇足底水，然后对苗床进行消毒除去土壤中的病菌，最后将处理好的种子均匀撒在苗床上，用苗床基质或细土覆盖种子，盖种后用旱育苗专用除草剂均匀喷雾1次，0.5小时后平铺上一层塑料薄膜以保温，出苗60%后可揭去平铺膜。旱育苗整个育苗过程不建立水层，秧苗后期可以沟灌润水。秧苗秧龄达到30天后，挑选根系发达、生长旺盛、个体差异小、叶色深绿无黄叶枯叶、无病虫、有3个以上分蘖的壮秧适时插种，移栽前20天最好能普施1次高效农肥。移栽后秧苗生长快，有效减少追肥的次数和用量以及晒田次数和晒田时间，降低了施肥、晒田对蛙类的影响。山区丘陵地带使用大苗移栽，平原地区可用机插秧或者直接用精量直播。

（3）合理密植，栽足基本苗。养蛙稻田采用半旱式栽培法时，浅水移栽选秧苗，栽插深度以2～3厘米为好，栽种时采用宽行密株方式，每株秧苗行距在30厘米×13厘米或30厘米×16厘米，在蛙沟蛙坑周围适当密植，充分发挥边际优势，减少因开挖沟坑造成的基本苗损失。

（4）科学管水。水稻在不同生长阶段对水的需求量不同，插秧时稻田要浅水（水深约4～6厘米），分蘖末期要放水搁田，护胎时要深水（水深约20厘米），灌浆时要土壤湿润，收割时稻田要干爽。因蛙类是两栖动物，水对蛙的限制性不如鱼类大，种养殖时只需要在正常种稻谷的同时，保持蛙沟水深40～50厘米，并适时加注新水，视情况3～8天换1次水保持水质清新即可。

**（三）施肥与病虫害防治**

**1. 合理施肥** 因蛙类的粪便和残饵存留在田中起到肥田作用，养蛙的稻田相比于常规栽培的水稻田可少施肥或不施肥。如确实需要施肥的，以施基肥为主，追肥为辅，有机肥为主，化肥为辅。稻田常用有机肥有厩肥和商用有机肥。有机肥肥效高，在保证水稻生长的同时，也促进了田中浮游生物大量繁殖，间接为蛙类提供了食物。

稻田施肥时要施足基肥，减少追肥，施用适当磷肥和钾肥。水稻直播或移栽前10～15天翻耕大田时，按每亩400～450千克商品有机肥，加5～10千克尿素的施用量作为基肥投放。如蛙种放养密度低，饲料投喂过少时可适量使用复合肥或尿素作追肥。施肥时田水深度 5～8 厘米，先施半边田，次日再施另半边田，每批追肥分 2～3 次施，少施勤施。施肥时避开蛙坑、蛙沟，以降低肥料对蛙类的影响。阴雨天不施肥，避免肥料顺水流入蛙坑、蛙沟中污染水体。

**2. 病害防治** 养殖稻田的害虫主要有稻蓟马、稻飞虱、卷叶虫、二化螟、三化螟等，蛙类是这些害虫的天敌，稻田养蛙可以减少水稻病虫害的发生，起到生物防治作用。稻田平时的病害防治以生物防治为主，视情况使用物理防治，病虫害严重时可喷洒高效低毒农药。

生物防治包括天敌防治、生物制剂防治和生物多样性防治。天敌防治：一是放养天敌，蛙类是水稻害虫的天敌，且捕虫能力强食量大，捕食的害虫种类多，稻飞虱、螟虫、稻苞虫、稻纵卷叶螟、稻蓟马、稻蝗、稻叶蝉、蚜虫等害虫都是其食物来源，用蛙防治水稻病虫害效果显著；也可以视情况在水稻分蘖期于田间抛投含有即将羽化赤眼蜂的放蜂器，利用赤眼蜂防治水稻二化螟。二是保护天敌，蜘蛛、盲蝽、隐翅虫等是水稻害虫的天敌，能够控制和减轻水稻病虫害的发展，减少农药的使用量可保护这些益虫。稻田可以利用生物制剂防治水稻病害虫，如用苏云金芽孢杆菌制剂防治水稻螟虫，生物制剂苦参碱喷雾防治二代黏虫，生物制剂 10％枯草芽孢杆菌喷雾防治稻瘟病和纹枯病等。采用生物多样性防治时，一方面要及时清除田间和田埂的杂草，减少中间寄主，另一方面可在田边田埂种植香根草、大豆等吸引控制害虫。香根草对稻飞虱等稻田害虫有较好的防控效果，且全草可观赏可药用，须根可提取精油，利用价值非常高，可视市场需求量种在田埂上。

物理防治：可安装太阳能杀虫器捕杀水稻病害虫，用无纺布育秧以遏制灰飞虱传毒危害、切断条纹叶枯病和黑条矮缩病的传播途径。

稻田病虫害严重时应选用高效、低毒、低残留农药，如灭瘟素、链霉素、多菌灵、噻嗪酮、井岗霉素等。用药时先加深田水至 10 厘米以上。施药时尽量喷洒在水稻茎叶上，避免药物落入水体毒害蛙类。水剂在晴天露水干后喷洒，粉剂在早晨带露水时撒，施药后稻田立即换水。下雨天或雷阵雨前避免施药。

## 四、稻田种养的动物养殖

### (一) 种苗放养

**1. 品种选择** 目前适合稻田养殖的蛙类主要有古巴牛蛙、美国青蛙、黑斑蛙、棘胸蛙、虎纹蛙、沼蛙等，以古巴牛蛙和美国青蛙养殖居多。除棘胸蛙特殊一些外，其他蛙类的稻田养殖方法相似。

**2. 蛙种放养** 一般在稻田插秧 10～15 天确保秧苗返青后放养蛙种，选择健壮无病的幼蛙作为蛙种，放养前用3％食盐水浸洗5～10分钟消毒，以杀灭蛙身上的病菌和寄生虫。同一块田放养的蛙种应是同一个品种且规格尽量一致，避免出现大蛙残食小蛙现象。每亩稻田可放养规格30～50克的牛蛙种苗1 000～2 000只，或规格30克左右的青蛙2 500～3 000只。如果稻田条件好，也可以留一定量的成蛙在稻田中繁殖，不必每年放养种苗。养蛙稻田可以适当放养草鱼、鲢、鳙、泥鳅等草食性、滤食性或杂食性鱼种，实行稻蛙鱼混养，以充分利用稻田的天然饵料和空间，但不可放养青鱼、黑鱼等肉食性鱼类，鱼种放养前也要消毒。

### （二）饵料投放

蛙苗放养初期田中昆虫数量少，天然饵料缺乏，无法满足蛙类逐渐增大的食物需求，必须进行人工投喂。投喂的饵料可以是蝗虫、小鱼虾、蚯蚓、灯光诱捕的小昆虫等活饵，也可以是切碎的畜禽内脏、鱼肉、螺肉或人工配合饲料等死饵，如果投放的是死饵则要先进行食性驯化，因为蛙一般只吃活饵，不会主动摄食死饵。驯食时蛙龄越小驯食效果越好。驯食以活饵带死饵的方式进行，即将活饵和死饵混合均匀后投放，活饵活动和蛙类捕食活动时引起水面波动，水中死饵随之而动，蛙误认为是活饵而吞食。

投饵时应做到定时、定点、定质、定量，将饵料直接投在饵料台上，每日投喂2次，早晚各1次，幼蛙日投喂量为蛙总重的5％～10％，成蛙日投喂量约为体重2％或不投喂。饵料要新鲜，大小要适口，投喂后隔夜吃不完的饵料要及时清除，以免污染水质。夏季天然饵料相对较多，可以少投喂或不投喂。不投喂时可在水面上方15～30厘米处安装诱虫灯，以40瓦的黑光灯诱虫效果最好，30瓦和40瓦的紫外灯效果次之。黑光灯诱虫从每年5至10月初，开灯时间一般在傍晚，诱虫高峰期在8:00—9:00，午夜12:00诱虫数量明显减少，可关灯以延长灯的使用寿命，如果蛙多虫少可以通宵开。下雨和大风天气不宜开灯。

### （三）日常管理

日常管理中要坚持每天巡田，及时清除污物和残饵，确保水质清新，使用新鲜无污染的饲料，以预防蛙类病害。蛙病多发季节，增加巡田次数，及时清除死蛙，发现病蛙及时治疗或隔离处理以免传染。

养殖期间要注意水质变化，适时加注新水，保持蛙沟水40～50厘米，避免邻近农田的化肥、农药流入田中。蛙沟每15～20天使用20～30克/立方米生石灰或1克/立方米漂白粉进行泼洒消毒。

日常注意防逃，巡田时发现围栏破损、进出水口拦蛙网破损、田埂漏洞及时修补；定期观察有无老鼠、蛇、鸟类等敌害，一旦发现及时捕杀或驱赶，鸟害严重区可架设防鸟网；夏天温度高，稻田水浅水温高，需注意蛙类防暑。

冬天水温降到 10 ℃以下时，多数蛙类停食进入冬眠阶段。蛙类越冬前半个月要投足饵料，适当增加动物性饵料，以储藏足够能量安全越冬。蛙类有钻洞越冬和水底越冬的习性，可在冬眠前选择背风向阳的地方挖若干个直径 15 厘米、深 80～100 厘米的洞穴，并在洞中铺一层软质杂草，洞穴在蛙沟、蛙坑水面 10 厘米以上以免水深淹没洞穴。越冬期间蛙坑、蛙沟保持适当水位，用草帘铺设在蛙坑、蛙沟上防止水体冰冻，同时池底留淤泥 5～10 厘米，以便蛙类潜水蛰伏淤泥越冬。定期加注新水，新水水量不超过 10%，水温温差不超过 2 ℃。如冬季有销售需求，也可将蛙移入大棚中保温待售。

## 五、收获

### (一)收捕

水稻成熟后，可将稻田水位降低至离沟面 10 厘米，先将水稻收割，然后再将水灌至淹没田面 10 厘米，继续饲养蛙、鱼，根据市场销售情况适时将蛙、鱼捕捞上市。大型蛙场水面较大，可采取拉网快速捕捉；小规模的养蛙场可在傍晚及夜间用灯光照射捕捉，用手电筒照射蛙的眼部时，蛙受强光刺激后往往静止不动，然后用带柄捞网迅速捕捉，效果很好；如需捉完田中所有蛙，可放干蛙沟、蛙坑中的水，用软质网勺轻柔、快速捕捉，以避免蛙体受伤和跳逃。

### (二)运输

幼蛙、成蛙、亲蛙的运输方法一致，常用湿运方法，装运时采用轻便、透气、成本低的竹笼为好。竹笼长 50 厘米、宽 50 厘米、高 20 厘米，也可用直径 50 厘米、高 20 厘米的圆形竹笼。竹笼运输时笼底铺垫水草、浸湿的泡沫塑料或湿布，圆形竹笼以装运的蛙不拥挤、不重叠为准，蛙放入后，再用湿棉纱布覆盖；方形竹笼每笼分四个小区，在每个小区内放 4～5 只蛙，上面盖少许水草。竹笼加盖后即可启运，每隔 5～6 小时洒水 1 次，保持蛙体湿度。竹笼保湿运输蛙成活率一般在 90% 以上，可连续运输 5～6 天，严冬不宜运输。

## 六、销售

稻田养蛙的运作模式主要有五种，与稻田养鳝类似。

## 七、效益分析

### (一)经济效益

稻田养蛙在不破坏稻田原有生态系统和不增加水资源使用情况下进行，保证粮食不减产的同时，收获一定数量的成品蛙，且成品蛙的价值远高于稻米价值，直接增加了稻米之外的额外收益；稻谷亩产量约 500 千克，蛙类亩产 250～600 千克不等，价格因品种不同有所差异。因为是生态种植，稻米备受欢迎，贵州稻田养蛙模式下收获的生态大米注册形成品牌后市场价在 12～16 元且供不应求，较常规种植大米价格翻了数倍。蛙的粪便、残饵起到肥水作用，整个养殖过程少量施加或不施加稻肥；蛙类捕食田中害虫，降低了饲料成本和稻田农药使用成本。在开源与节流的共同作用下，稻田养蛙经济效益显著。

### （二）生态效益

蛙的粪便、残饵起到肥水作用，减少了稻肥使用量；蛙类捕食田中害虫，一方面满足了蛙类的饲料需求降低了饲料成本，另一方面控制了稻田病害，减少了农药施用量。稻田养蛙既可以改善土壤状况，增加有机质、氮、有效磷、速效钾等土壤养分，又可以减小土壤容重和有害物质含量，改善土壤物理状况，提高土壤团聚体和土壤结构系数。无机肥和农药投入量的降低，明显减轻了常规稻作因大量施用化肥和农药带来的土壤贫瘠化和农业污染。

### （三）社会效益

稻田养蛙模式遵循自然、立体、循环生态学原理，能提高土地利用率，符合我国人口众多、人均耕地面积少的国情；稻田养蛙是在不破坏稻田原有生态系统、保证粮食不减产的条件下进行，水稻产量稳定，市场稻谷供应不受影响，粮食稳定有利于社会安定；因为生态种养殖，稻谷品质得以提升，并以较低成本增加了成品蛙的数量，农民实质性增收；由于绿色生态种植养殖，产出的稻米无农药残留，稻米品质优良，推动了生态食品品牌诞生；稻田养蛙能减少或消除田中蚊子幼虫和成虫，减小蚊子种群数量，减少疾病传播，改善农村生活环境。

# 附录

## 附录1 稻渔综合种养技术规范
## 第1部分:通则

## 中华人民共和国水产行业标准

SC/T 1135.1—2017

稻渔综合种养技术规范
第1部分:通则

Technical specification for integrated farming of rice and aquaculture animal—
Part 1:General principle

2017-09-30 发布　　　　　　　　　　　　　2018-01-01 实施

中华人民共和国农业部 发布

# 前　　言

SC/T 1135　《稻渔综合种养技术规范》拟分为 6 部分：

——第 1 部分：通则；

——第 2 部分：稻鲤；

——第 3 部分：稻蟹；

——第 4 部分：稻虾（克氏原螯虾）；

——第 5 部分：稻鳖；

——第 6 部分：稻鳅。

本部分为 SC/T 1135 的第 1 部分。

本部分按照 GB/T 1.1—2009 给出的规则起草。

请注意本文件的某些内容可能涉及专利。本文件的发布机构不承担识别这些专利的责任。

本部分由农业部渔业渔政管理局提出。

本部分由全国水产标准化技术委员会淡水养殖分技术委员会（SAC/TC 156/SC 1）归口。

本部分起草单位：全国水产技术推广总站、上海海洋大学、浙江大学、湖北省水产技术推广总站、浙江省水产技术推广总站、中国水稻研究所。

本部分主要起草人：朱泽闻、李可心、陈欣、成永旭、王浩、肖放、马达文、何中央、唐建军、金千瑜、王祖峰、李嘉尧。

# 稻渔综合种养技术规范
# 第1部分：通则

## 1 范围

本部分规定了稻渔综合种养的术语和定义、技术指标、技术要求和技术评价。

本部分适用于稻渔综合种养的技术规范制定、技术性能评估和综合效益评价。

## 2 规范性引用文件

下列文件对于本文件的应用是必不可少的。凡是注日期的引用文件，仅注日期的版本适用于本文件。凡是不注日期的引用文件，其最新版本（包括所有的修改单）适用于本文件。

GB 2763　食品安全国家标准　食品中农药最大残留限量

GB/T 8321.2　农药合理使用准则（二）

GB 11607　渔业水质标准

NY 5070　无公害农产品　水产品中渔药残留限量

NY 5071　无公害食品　渔用药物使用准则

NY 5072　无公害食品　渔用配合饲料安全限量

NY 5073　无公害食品　水产品中有毒有害物质限量

NY 5116　无公害食品　水稻产地环境条件

NY/T 5117　无公害食品　水稻生产技术规程

NY/T 5361　无公害食品　淡水养殖产地环境条件

SC/T 9101　淡水池塘养殖水排放要求

## 3 术语和定义

下列术语和定义适用于本文件。

### 3.1

**共作　co-culture**

在同一稻田中同时种植水稻和养殖水产养殖动物的生产方式。

### 3.2

**轮作　rotation**

在同一稻田中有顺序地在季节间或年间轮换种植水稻和养殖水产养殖动物的生产方式。

3.3

**稻渔综合种养**　**integrated farming of rice and aquaculture animal**

通过对稻田实施工程化改造，构建稻渔共作轮作系统，通过规模开发、产业经营、标准生产、品牌运作，能实现水稻稳产、水产品新增、经济效益提高、农药化肥施用量显著减少，是一种生态循环农业发展模式。

3.4

**茬口**　**stubble**

在同一稻田中，前后季种植的作物和养殖的水产动物及其替换次序的总称。

3.5

**沟坑**　**ditch and puddle for aquaculture**

用于水产养殖动物活动、暂养、栖息等用途而在稻田中开挖的沟和坑。

3.6

**沟坑占比**　**percentage of the areas of ditch and puddle**

种养田块中沟坑面积占稻田总面积的比例。

3.7

**田间工程**　**field engineering**

为构建稻渔共作轮作模式而实施的稻田改造，包括进排水系统改造、沟坑开挖、田埂加固、稻田平整、防逃防害防病设施建设、机耕道路和辅助道路建设等内容。

3.8

**耕作层**　**plough layer**

经过多年耕种熟化形成稻田特有的表土层。

## 4　技术指标

稻渔综合种养应保证水稻稳产，技术指标应符合以下要求：

a）水稻单产：平原地区水稻产量每 667m² 不低于 500kg，丘陵山区水稻单产不低于当地水稻单作平均单产；

b）沟坑占比：沟坑占比不超过 10%；

c）单位面积纯收入提升情况：与同等条件下水稻单作对比，单位面积纯收入平均提高 50% 以上；

d）化肥施用减少情况：与同等条件下水稻单作对比，单位面积化肥施用量平均减少 30% 以上；

e）农药施用减少情况：与同等条件下水稻单作对比，单位面积农药施用量平均减少 30％以上；

    f）渔用药物施用情况：无抗菌类和杀虫类渔用药物使用。

## 5 技术要求

### 5.1 稳定水稻生产

5.1.1 宜选择茎秆粗壮、分蘖力强、抗倒伏、抗病、丰产性能好、品质优、适宜当地种植的水稻品种。

5.1.2 稻田工程应保证水稻有效种植面积，保护稻田耕作层，沟坑占比不超过 10％。

5.1.3 稻渔综合种养技术规范中，应按技术指标要求设定水稻最低目标单产。共作模式中，水稻栽培应发挥边际效应，通过边际密植，最大限度保证单位面积水稻种植穴数；轮作模式中，应做好茬口衔接，保证水稻有效生产周期，促进水稻稳产。

5.1.4 水稻秸秆宜还田利用，促进稻田地力修复。

### 5.2 规范水产养殖

5.2.1 宜选择适合稻田浅水环境、抗病抗逆、品质优、易捕捞、适宜于当地养殖、适宜产业化经营的水产养殖品种。

5.2.2 稻渔综合种养技术规范中，应结合水产养殖动物生长特性、水稻稳产和稻田生态环保的要求，合理设定水产养殖动物的最高目标单产。

5.2.3 渔用饲料质量应符合 NY 5072 的要求。

5.2.4 稻田中严禁施用抗菌类和杀虫类渔用药物，严格控制消毒类、水质改良类渔用药物施用。

### 5.3 保护稻田生态

5.3.1 应发挥稻渔互惠互促效应，科学设定水稻种植密度与水产养殖动物放养密度的配比，保持稻田土壤肥力的稳定性。

5.3.2 稻田施肥应以有机肥为主，宜少施或不施用化肥。

5.3.3 稻田病虫草害应以预防为主，宜减少农药和渔用药物施用量。

5.3.4 水产养殖动物养殖应充分利用稻田天然饵料，宜减少渔用饲料投喂量。

5.3.5 稻田水体排放应符合 SC/T 9101 的要求。

### 5.4 保障产品质量

5.4.1 稻田水源条件应符合 GB 11607 的要求，稻田水质条件应符合 NY/T 5361 的要求。

5.4.2 稻田产地环境条件应符合 NY 5116 的要求，水稻生产过程应符合 NY/

T 5117 的要求。

5.4.3 稻田中不得施用含有 NY 5071 中所列禁用渔药化学组成的农药，农药施用应符合 GB/T 8321.2 的要求，渔用药物施用应符合 NY 5071 的要求。

5.4.4 稻米农药最大残留限量应符合 GB 2763 的要求，水产品渔药残留和有毒有害物质限量应符合 NY 5070、NY 5073 的要求。

5.4.5 生产投入品应来源可追溯，生产各环节建立质量控制标准和生产记录制度。

## 5.5 促进产业化

5.5.1 应规模化经营，集中连片或统一经营面积应不低于 66.7 hm²，经营主体宜为龙头企业、种养大户、合作社、家庭农场等新型经营主体。

5.5.2 应标准化生产，宜根据实际将稻田划分为若干标准化综合种养单元，并制定相应稻田工程建设和生产技术规范。

5.5.3 应品牌化运作，建立稻田产品的品牌支撑和服务体系，并形成相应区域公共或企业自主品牌。

5.5.4 应产业化服务，建立苗种供应、生产管理、流通加工、品质评价等关键环节的产业化配套服务体系。

# 6 技术评价

## 6.1 评价目标

通过经济效益、生态效益和社会效益分析，评估稻渔综合种养模式的技术性能，并提出优化建议。

## 6.2 评价方式

### 6.2.1 经营主体自评

经营主体应每年至少开展一次技术评价，形成技术评价报告，并建立技术评价档案。

### 6.2.2 公共评价

成立第三方评价工作组，工作组应由渔业、种植业、农业经济管理、农产品市场分析等方面专家组成，形成技术评价报告，并提出公共管理决策建议。

## 6.3 评价内容

### 6.3.1 经济效益评价

通过综合种养和水稻单作的对比分析，评估稻渔综合种养的经济效益。评价内容应至少包括：

a）单位面积水稻产量及增减情况；

b）单位面积水稻产值及增减情况；

c）单位面积水产品产量；

d）单位面积水产品产值；

e）单位面积新增成本；

f）单位面积新增纯收入。

### 6.3.2　生态效益评价

通过综合种养和水稻单作的对比分析，评估稻渔综合种养的生态效益。评价内容应至少包括：

a）农药施用情况；

b）化肥施用情况；

c）渔用药物施用情况；

d）渔用饲料施用情况；

e）废物废水排放情况；

f）能源消耗情况；

g）稻田生态改良情况。

### 6.3.3　社会效益评价

通过综合种养和水稻单作的对比分析，评估稻渔综合种养的社会效益。评价内容应至少包括：

a）水稻生产稳定情况；

b）带动农户增收情况；

c）新型经营主体培育情况；

d）品牌培育情况；

e）产业融合发展情况；

f）农村生活环境改善情况；

g）防灾抗灾能力提升情况。

## 6.4　评价方法

### 6.4.1　效益评价方法

通过稻渔综合种养模式，与同一区域中水稻品种、生产周期和管理方式相近的水稻单作模式进行对比分析，评估稻渔综合种养的经济效益、生态效益和社会效益。

效益评价中，评价组织者可结合实际，选择以标准种养田块或经营主体为单元，进行调查分析。稻渔综合种养模式中稻田面积的核定应包括沟坑的面积。单位面积产品产出汇总表、单位面积成本投入汇总表填写参见附录A、附录B。

## 6.4.2　技术指标评估

根据效益评价结果，填写模式技术指标评价表（参见附录 C）。第 4 章的技术指标全部达到要求，方可判定评估模式为稻渔综合种养模式。

## 6.5　评价报告

技术评价应形成正式报告，至少包括以下内容：

a）经济效益评价情况；

b）生态效益评价情况；

c）社会效益评价情况；

d）模式技术指标评估情况；

e）优化措施建议。

# 附　录　A

## （资料性附录）

## 单位面积产品产出汇总表

单位面积产品产出汇总表见表 A.1。

### 表 A.1　单位面积产品产出汇总表

综合种养模式名称：

| 调查取样序号 | 经营主体名称： | | | | | | | | 联系人： | | | | 联系电话： | | |
|---|---|---|---|---|---|---|---|---|---|---|---|---|---|---|---|
| | 综合种养（评估组） | | | | | | | | 水稻单作（对照组） | | | | 单位面积水稻产量增减（kg） | 单位面积总产值增减（元） |
| | 综合种养面积（×667m²） | | 水稻产出 | | | 水产产出 | | | 水稻种植面积（×667 m²） | 水稻产出 | | | | |
| | 水稻种养面积 | 沟坑面积 | 产量（kg） | 单价（元） | 单产（kg） | 产量（kg） | 单价（元） | 单产（kg） | | 产量（kg） | 单价（元） | 单产（kg） | | |
| A | B | C | D | E | F | G | H | I | J | K | L | M | N | O |
| | | | | | | | | | | | | | | |
| | | | | | | | | | | | | | | |
| | | | | | | | | | | | | | | |
| | | | | | | | | | | | | | | |

记录人签字：　　　　　　　　　　　调查日期：　　　　年　　　月　　　日

注 1：增量在数字前添加符号"+"，减量添加符号"－"。

注 2：表内平衡公式：F=D/(B+C)；M=K/J；N=F－K；O=D×E－G×H。

注 3：表中单价指每千克的价格；单产指每 667 m² 的产量；单位面积指 667 m²。

## 附 录 B

### （资料性附录）

### 单位面积成本投入汇总表

单位面积成本投入汇总表见表 B.1。

#### 表 B.1 单位面积成本投入汇总表

综合种养模式名称：

| 经营主体名称： | | 联系人： | | | | | | | | 联系电话： | | | | | | | |
|---|---|---|---|---|---|---|---|---|---|---|---|---|---|---|---|---|---|
| 调查取样序号 | 对比分析项目 | 单位面积投入情况（元） | | | | | | | | | | | | | | 单位面积投入合计（元） | 单位面积投入增减（元） |
| | | 劳动用工 | 物质投入 | | | | | | | | 其他 | | | | | | |
| | | 劳动用工费 | 稻种/秧苗费 | 化肥费 | 有机肥费 | 农药费 | 水产苗种费 | 饲料费 | 渔药费 | 田(塘)租费 | 设施设备改造费 | 服务费(机耕/机收) | 产品加工费 | 产品营销费 | 其他费用 | | |
| 综合种养（评估组） | | | | | | | | | | | | | | | | | |
| 水稻单作（对照组） | | | | | | | | | | | | | | | | | |
| 综合种养（评估组） | | | | | | | | | | | | | | | | | |
| 水稻单作（对照组） | | | | | | | | | | | | | | | | | |
| 记录人签字： | | | | 调查日期： | | 年 | 月 | 日 | | | | | | | | | |

注1：增量在数字前添加符号"＋"，减量添加符号"－"。

注2：表中单位面积指 667 m²。

# 附 录 C

## （资料性附录）
## 模式技术指标评价表

模式技术指标评价表见表 C.1。

### 表 C.1 模式技术指标评价表

综合种养模式名称：

| 经营主体名称： | | | | | |
|---|---|---|---|---|---|
| 联系人： | | | | 联系电话： | |
| 序号 | 评价指标 | 指标要求 | 评价结果 | 结果判定 | |
| 1 | 水稻单产 | 平原地区水稻产量每 667 m² 不低于 500 kg，丘陵山区水稻单产不低于当地水稻单作平均单产 | | □合格 □不合格 | |
| 2 | 沟坑占比 | 沟坑占比不超过 10% | | □合格 □不合格 | |
| 3 | 单位面积纯收入提升情况 | 与同等条件下水稻单作对比，单位面积纯收入平均提高 50% 以上 | | □合格 □不合格 | |
| 4 | 化肥施用减少情况 | 与同等条件下水稻单作对比，单位面积化肥施用量平均减少 30% 以上 | | □合格 □不合格 | |
| 5 | 农药施用减少情况 | 与同等条件下水稻单作对比，单位面积农药施用量平均减少 30% 以上 | | □合格 □不合格 | |
| 6 | 渔用药物施用情况 | 无抗菌类和杀虫类渔用药物施用 | | □合格 □不合格 | |
| 模式评定：<br>　　评估模式是否为稻渔综合种养模式：□是 　□否 | | | | | |
| 其他评价说明：<br><br><br><br> | | | | | |
| 评价人签字：<br><br>　　　　　　　　　　日期： 　　年 　　月 　　日 | | | | | |
| 注：技术指标全部达到要求，方可判定评估模式为稻渔综合种养模式。 | | | | | |

附录 2　稻渔综合种养技术规范
第 4 部分：稻虾（克氏原螯虾）

**SC**

# 中华人民共和国水产行业标准

SC/T 1135.4—2020

稻渔综合种养技术规范
第4部分:稻虾(克氏原螯虾)

Technical specification for integrated farming of rice and aquaculture animal—
Part 4: Rice and red swamp crayfish

2020-08-26 发布　　　　　　　　　　2021-01-01 实施

## 中华人民共和国农业农村部　发布

# 前　言

本文件按照 GB/T 1.1—2020《标准化工作导则　第 1 部分：标准化文件的结构和起草规则》的规定起草。

本文件是 SC/T 1135《稻渔综合种养技术规范》的第 4 部分。SC/T 1135 已经发布了以下部分：

——第 1 部分：通则。

请注意本文件的某些内容可能涉及专利。本文件的发布机构不承担识别这些专利的责任。

本文件由农业农村部渔业渔政管理局提出。

本文件由全国水产标准化技术委员会淡水养殖分技术委员会（SAC/TC 156/SC 1）归口。

本文件起草单位：全国水产技术推广总站、湖北省水产技术推广总站、安徽省水产技术推广总站、江西省水产技术推广站。

本文件主要起草人：汤亚斌、易翀、于秀娟、郝向举、李巍、奚业文、王祖峰、程咸立、赵文武、丁仁祥、胡火根、李东萍、胡忠军、李苗、刘晓军、张堂林。

# 引　言

　　稻渔综合种养是一种典型的生态循环农业模式，稳粮、增效、环境友好，已发展成为我国实施乡村振兴战略和农业精准扶贫的重要产业之一。在生产实践中，各地因地制宜，在稻田养殖鲤鱼之外，引入中华绒螯蟹、克氏原螯虾、中华鳖、泥鳅等特种经济水产动物，集成创新发展了稻鲤、稻蟹、稻虾（克氏原螯虾）、稻鳖、稻鳅等多种种养模式，形成了各自相对成熟的生产技术体系。但由于各地发展水平不均衡，对稻渔综合种养的认识有差异，不同种养模式之间的关键技术指标和要求不统一，有可能影响水稻生产、破坏稻田生态环境、危及产品质量安全。通过制定稻渔综合种养技术规范，统一关键技术指标和要求，并对各种养模式提供标准化、规范化的技术指导，有利于发挥稻渔综合种养"以渔促稻、稳粮增效、生态环保"的作用，促进产业的健康和可持续发展。

　　SC/T 1135 拟由六个部分构成。

　　——第 1 部分：通则；

　　——第 2 部分：稻鲤；

　　——第 3 部分：稻蟹；

　　——第 4 部分：稻虾（克氏原螯虾）；

　　——第 5 部分：稻鳖；

　　——第 6 部分：稻鳅。

　　第 1 部分的目的在于规范稻渔综合种养的术语和定义，明确技术指标和技术集成要求，建立综合效益评价方法，为起草不同技术模式的标准提供需要遵守的基本原则和技术要求。第 2 部分到第 6 部分是在第 1 部分的基础上，针对各种养模式，明确具体的技术要求。其中，第 4 部分是针对稻田养殖克氏原螯虾，明确环境条件、田间工程、水稻种植、克氏原螯虾养殖等方面的技术要求，提供关键技术指导，便于稻虾（克氏原螯虾）综合种养经营主体在生产实践中使用，从而稳定水稻产量，提高克氏原螯虾的产量和质量，保护稻田生态环境，提高稻田综合效益。

# 稻渔综合种养技术规范
# 第 4 部分：稻虾（克氏原螯虾）

## 1 范围

本文件规定了稻田养殖克氏原螯虾［*Procambarus clarkii*（Girard，1852)］的环境条件、田间工程、水稻种植和克氏原螯虾养殖等技术要求。

本文件适用于长江中下游水稻主产区稻田养殖克氏原螯虾，其他地区稻田养殖克氏原螯虾可参照执行。

## 2 规范性引用文件

下列文件中的内容通过文中的规范性引用而构成本文件必不可少的条款。其中，注日期的引用文件，仅该日期对应的版本适用于本文件；不注日期的引用文件，其最新版本（包括所有的修改单）适用于本文件。

GB 11607　渔业水质标准

GB 13078　饲料卫生标准

GB 15618　土壤环境质量农用地土壤污染风险管控标准（试行）

GB/T 22213　水产养殖术语

NY/T 496　肥料合理使用准则　通则

NY/T 847　水稻产地环境技术条件

NY/T 1276　农药安全使用规范　总则

NY 5072　无公害食品　渔用配合饲料安全限量

NY/T 5117　无公害食品　水稻生产技术规程

NY/T 5361　无公害食品　淡水养殖产地环境条件

SC/T 1132　渔药使用规范

SC/T 1135.1　稻渔综合种养技术规范　第 1 部分：通则

## 3 术语和定义

GB/T 22213、SC/T 1135.1 界定的术语和定义适用于本文件。

## 4 环境条件

### 4.1 稻田选择

地势平坦，排灌方便，土质以壤土、黏土为宜，环境和底质应符合 GB

15618、NY/T 847 和 NY/T 5361 的规定。

## 4.2 水源水质

水源充足，水质应符合 GB 11607 和 NY/T 5361 的规定。

# 5 田间工程

## 5.1 稻田面积

单一田块面积 $5 \times 667\ m^2$ 以上，以 $30 \times 667\ m^2 \sim 50 \times 667\ m^2$ 一个生产单元为宜。生产单元平面图见图 1，生产单元剖面图见图 2。

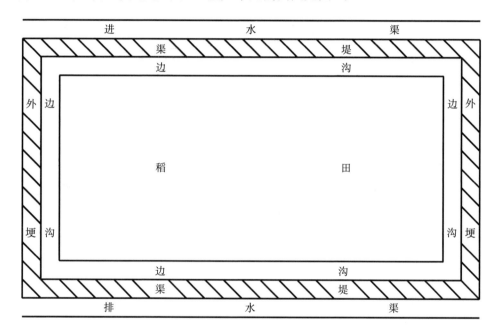

**图 1 生产单元平面图**

**图 2 生产单元剖面图**

## 5.2 边沟

距离稻田外埂内侧 1 m～2 m 处开挖边沟，边沟结合稻田形状和大小，可挖成环形、U 形、L 形、I 形等形状。沟深 0.8 m～1.5 m，宽 2 m～4 m，坡比

1：1，边沟面积占比应符合 SC/T 1135.1 的要求。在交通便利的一侧留宽 4 m
左右的机械作业通道。

## 5.3 田埂

### 5.3.1 外埂

利用开挖边沟的泥土加宽、加高外埂。外埂加高加宽时，宜逐层打紧夯
实，堤埂不应开裂、渗漏。改造后的外埂，高度宜高出田面 80 cm，使稻田最
高水位能达到 50 cm～60 cm。埂面宽不少于 150 cm，坡比以 1：（1～1.5）
为宜。

### 5.3.2 内埂

在靠近边沟的田面筑好高 20 cm、宽 30 cm 的内埂，将田面和边沟隔开。

## 5.4 进、排水设施

具备相对独立的进、排水设施。进水口建在田埂上，比田面高 50 cm 左
右；排水口建在边沟最低处。进水口和排水口呈对角设置且均安装双层防逃
网。防逃网宜用孔径0.25 mm（60 目）的网片做成长 150 cm、直径 30 cm 的
网袋。

## 5.5 防逃设施

用厚塑料薄膜或钙塑板沿外埂四周围成封闭防逃墙，防逃墙埋入地下
10 cm～20 cm，高出地面40 cm～50 cm，四角转弯处呈弧形。

## 5.6 稻田消毒

稻田改造完成后，加水至比田面高 10 cm 左右，用生石灰 100 kg/667 m² 带
水进行消毒。

## 5.7 水草种植

### 5.7.1 田面种植

田面宜种植伊乐藻，种植时间为前一年 11 月至第二年 2 月。在稻田消毒
7 d～10 d 后，提高水位至田面上 20 cm 左右，开始种植伊乐藻。要求行距 8 m
左右，株距 4 m～5 m，伊乐藻草团直径 30 cm 左右。

### 5.7.2 边沟种植

边沟内选种伊乐藻、轮叶黑藻、空心莲子草（水花生）等水草，种植面积
占边沟面积的 30% 左右。伊乐藻种植时间与田面上种植伊乐藻时间相同，轮
叶黑藻种植时间宜在 3 月，空心莲子草宜在春季水温高于 15 ℃时种植。

# 6 水稻种植

## 6.1 品种选用

水稻品种选用参照 SC/T 1135.1 的规定执行。

## 6.2　田面整理

5月底至6月初整田，以达到机械插秧或人工插秧的要求。

## 6.3　秧苗栽插

6月中旬前完成栽插，可机械插秧或人工插秧，结合边行密植确保水稻栽插密度达到1.2万穴/667 m² ～1.4万穴/667 m²，每穴秧苗2株～3株。

## 6.4　晒田

参照NY/T 5117的规定执行，宜采取2次轻晒，每次晒田时间3 d～5 d，轻晒至田块中间不陷脚即可。第一次晒田后复水至3 cm～5 cm深，5 d后即可进行第二次晒田。晒田时，边沟中水位低于田面30 cm左右。

## 6.5　施肥

肥料施用应符合NY/T 496的要求。施肥时施足基肥，水稻栽插后根据水稻长势施用分蘖肥和穗肥，方法参照NY/T 5117的规定执行。不应使用对克氏原螯虾有害的氨水、碳酸氢铵等化肥。

## 6.6　水分管理

水稻种植期的水分管理情况见表1。

### 表 1　水稻种植期的水分管理情况

| 时期 | 水位 |
| --- | --- |
| 整田至7月 | 高于田面5 cm左右 |
| 7月～9月 | 高于田面20 cm左右 |
| 晒田期 | 低于田面30 cm左右 |
| 水稻收割前7 d至水稻收割 | 低于田面20 cm～30 cm |

## 6.7　病虫害防治

农药使用应符合NY/T 5117、NY/T 1276的要求，不应使用对克氏原螯虾有害的药物。宜采用灯诱、化诱等物理、化学方法杀灭害虫。

## 6.8　收割与秸秆还田

用于繁育克氏原螯虾苗种的稻田在10月上旬左右进行水稻收割，留茬40 cm左右并将田面散落的稻草集中堆成小草堆；其他稻田的水稻正常收割。

## 6.9　水稻生产指标

水稻产量、质量、经济效益和生态效益应符合SC/T 1135.1的要求。

## 7　克氏原螯虾养殖

### 7.1　种苗来源

优先选择本地具有水产苗种生产经营许可证的企业生产的种苗，并经检疫合格。种苗运输时间不宜超过 2 h。

## 7.2 养殖模式

### 7.2.1 幼虾投放

#### 7.2.1.1 投放时间

宜在 3 月中旬至 4 月中旬投放第一批幼虾；在秧苗返青后，根据稻田存留幼虾情况，补充投放第二批幼虾。

#### 7.2.1.2 幼虾质量

幼虾质量宜符合以下要求：

a）规格整齐；

b）体色为青褐色最佳，淡红色次之；

c）附肢齐全、体表光滑；

d）反应敏捷，活动能力强。

#### 7.2.1.3 规格及投放量

投放第一批幼虾时，规格 3 cm～4 cm 的幼虾，投放量宜为 6 000 只/667 ㎡～8 000 只/667 ㎡；规格 4 cm～5 cm 的幼虾，投放量宜为 5 000 只/667 ㎡～6 000 只/667 ㎡。投放第二批幼虾时，规格 5 cm 左右的幼虾，投放量宜为 2 000 只/667 ㎡～4 000 只/667 ㎡。

### 7.2.2 亲虾投放

#### 7.2.2.1 投放时间

宜在 8 月～10 月投放。

#### 7.2.2.2 亲虾质量

亲虾质量宜符合以下要求：

a）附肢齐全、无损伤，体格健壮、活动能力强；

b）体色暗红或深红色，有光泽，体表光滑无附着物；

c）规格不低于 35 g/只；

d）雌、雄亲虾来自于不同养殖场所。

#### 7.2.2.3 投放量

投放量以 15 kg/667 ㎡～30 kg/667 ㎡为宜。

## 7.3 种苗运输与投放

种苗一般采用塑料框铺水草保湿运输。如离水时间较短，直接将虾分开轻放到浅水区或水草较多的地方，使其自行进入水中；如离水时间较长，放养前应进行如下操作：先将虾在稻田水中浸泡 1 min 左右，提起搁置 2 min～3 min，再浸泡 1 min，再搁置 2 min～3 min，如此反复 2 次～3 次，使虾体表和鳃腔吸足水分，再将虾分开轻放到浅水区或水草较多的地方，使其自行进入水中。

## 7.4 投喂

### 7.4.1 饲料种类

饲料种类包括植物性饲料、动物性饲料和克氏原螯虾专用配合饲料。提倡使用克氏原螯虾专用配合饲料，配合饲料应符合 GB 13078 和 NY 5072 的要求。

### 7.4.2 投喂方法

饲料宜早晚投喂，以傍晚为主。饲料投喂时宜均匀投在无草区，日投饵量为稻田内虾总重的 2%～6%，以 2 h 吃完为宜，具体投喂量根据天气和虾的摄食情况进行调整。

## 7.5 养殖管理

### 7.5.1 水位控制

克氏原螯虾养殖期的水位控制情况见表 2。

**表 2 克氏原螯虾养殖期的水位控制情况**

| 时期 | 水位 |
| --- | --- |
| 1 月～2 月 | 高于田面 50 cm 左右 |
| 3 月 | 高于田面 30 cm 左右 |
| 4 月 | 高于田面 40 cm 左右 |
| 5 月至整田前 | 高于田面 50 cm 左右 |
| 整田至水稻收割 | 见表 1 |
| 水稻收割后至 11 月 | 高于田面 30 cm 左右 |
| 11 月～12 月 | 高于田面 40 cm～50 cm |

### 7.5.2 水质调节

在苗种培育期，宜施发酵腐熟的有机肥，施用量为 100 kg/667 m² ～150 kg/667 m²，再结合补肥、加水、换水等措施使整个养殖期间水体透明度控制在 25 cm～35 cm。其他时间根据水色、天气和虾的活动情况，采取补肥、加水、换水等方法调节水质，使水体透明度控制在 35 cm～45 cm。

### 7.5.3 水草管理

水稻种植之前，水草面积控制在田面面积的 30%～50%，水草过多时及时割除，水草不足时及时补充。高温季节宜对伊乐藻、轮叶黑藻进行割茬处理，防止高温烂草。经常检查水草生长情况，水草根部发黄或白根较少时及时施肥。在水草虫害高发季节，每天检查水草有无异常，发现虫害，及时进行处理。

### 7.5.4 巡田

每日早晚巡田，观察稻田的水质变化以及虾的吃食、蜕壳生长、活动、有无病害等情况，及时调整投饲量；定期检查、维修防逃设施，发现问题及时处理。

### 7.6 病害防控

发生病害时，应准确诊断、对症治疗，治疗用药应符合 SC/T 1132 的规定。平时宜采取以下措施预防病害：

 a）苗种放养前，边沟内泼洒生石灰消毒；

 b）运输和投放苗种时，避免造成虾体损伤；

 c）加强水草的养护管理；

 d）定期改良底质，调节水质；

 e）适时捕大留小，降低养殖密度。

### 7.7 捕捞

### 7.7.1 捕捞时间

投放幼虾时，第一批成虾捕捞时间为 4 月下旬至 6 月上旬；第二批成虾捕捞时间为 8 月上旬至 9 月底。投放亲虾时，幼虾捕捞时间为 3 月中旬至 4 月中旬；成虾捕捞时间和投放幼虾时相同。

### 7.7.2 捕捞工具

捕捞工具以地笼为主。幼虾捕捞地笼网眼规格以 1.6 cm 为宜；成虾捕捞地笼网眼规格以 2.5 cm～3.0 cm 为宜。

### 7.7.3 捕捞方法

捕捞初期，将地笼放在田面上及边沟内，隔 3 d～5 d 转换一个地方。当捕获量渐少时，降低稻田水位，使虾落入边沟内，再集中在边沟内放地笼。用于繁育克氏原螯虾苗种的稻田，在秋季进行成虾捕捞时，当日捕捞量低于 0.5 kg/667 m² 时停止捕捞，剩余的虾用来培育亲虾。

附录 3 稻渔综合种养技术规范
第 5 部分：稻鳖

# 中华人民共和国水产行业标准

SC/T 1135.5—2020

## 稻渔综合种养技术规范
## 第5部分:稻鳖

Technical specification for integrated farming of rice and aquaculture animal—
Part 5: Rice and Chinese soft-shelled turtle

2020-08-26 发布 2021-01-01 实施

## 中华人民共和国农业农村部 发布

# 前　言

本文件按照 GB/T 1.1—2020《标准化工作导则　第 1 部分：标准化文件的结构和起草规则》的规定起草。

本文件是 SC/T 1135《稻渔综合种养技术规范》的第 5 部分。SC/T 1135 已经发布了以下部分：

——第 1 部分：通则。

请注意本文件的某些内容可能涉及专利。本文件的发布机构不承担识别这些专利的责任。

本文件由农业农村部渔业渔政管理局提出。

本文件由全国水产标准化技术委员会淡水养殖分技术委员会（SAC/TC 156/SC 1）归口。

本文件起草单位：全国水产技术推广总站、浙江省水产技术推广总站、浙江清溪鳖业股份有限公司。

本文件主要起草人：马文君、贝亦江、郝向举、王祖峰、刘忠松、周凡、赵文武、王根连、线婷、李巍、李东萍、刘晓军、郭聪颖、冯启超。

# 引　言

　　稻渔综合种养是一种典型的生态循环农业模式，稳粮、增效、环境友好，已发展成为我国实施乡村振兴战略和农业精准扶贫的重要产业之一。在生产实践中，各地因地制宜，在稻田养殖鲤鱼之外，引入中华绒螯蟹、克氏原螯虾、中华鳖、泥鳅等特种经济水产动物，集成创新发展了稻鲤、稻蟹、稻虾（克氏原螯虾）、稻鳖、稻鳅等多种种养模式，形成了各自相对成熟的生产技术体系。但由于各地发展水平不均衡，对稻渔综合种养的认识有差异，不同种养模式之间的关键技术指标和要求不统一，有可能影响水稻生产、破坏稻田生态环境、危及产品质量安全。通过制定稻渔综合种养技术规范，统一关键技术指标和要求，并对各种养模式提供标准化、规范化的技术指导，有利于发挥稻渔综合种养"以渔促稻、稳粮增效、生态环保"的作用，促进产业的健康和可持续发展。

　　SC/T 1135 拟由六个部分构成。

　　——第 1 部分：通则；

　　——第 2 部分：稻鲤；

　　——第 3 部分：稻蟹；

　　——第 4 部分：稻虾（克氏原螯虾）；

　　——第 5 部分：稻鳖；

　　——第 6 部分：稻鳅。

　　第 1 部分的目的在于规范稻渔综合种养的术语和定义，明确技术指标和技术集成要求，建立综合效益评价方法，为起草不同技术模式的标准提供需要遵守的基本原则和技术要求。第 2 部分到第 6 部分是在第 1 部分的基础上，针对各种养模式，明确具体的技术要求。其中第 5 部分是针对稻鳖共作，明确环境条件、田间工程、水稻种植、中华鳖养殖等方面的技术要求，提供关键技术指导，便于稻鳖共作经营主体在生产实践中使用，从而稳定水稻产量，提高中华鳖的产量和质量，保护稻田生态环境，提高稻田综合效益。

# 稻渔综合种养技术规范
# 第 5 部分：稻鳖

## 1 范围

本文件规定了稻田养殖中华鳖〔*Pelodiscus Sinensis*（Wiegmann）〕的环境条件、田间工程、水稻种植、中华鳖养殖等技术要求。

本文件适用于长江流域水稻主产区稻鳖共作，其他地区稻鳖共作可参照执行。

## 2 规范性引用文件

下列文件中的内容通过文中的规范性引用而构成本文件必不可少的条款。其中，注日期的引用文件，仅该日期对应的版本适用于本文件；不注日期的引用文件，其最新版本（包括所有的修改单）适用于本文件。

GB 11607　渔业水质标准

GB 15618　土壤环境质量　农用地土壤污染风险管控标准（试行）

GB/T 22213　水产养殖术语

GB/T 26876　中华鳖池塘养殖技术规范

GB/T 32140　中华鳖配合饲料

NY/T 847　水稻产地环境技术条件

NY/T 5117　无公害食品　水稻生产技术规程

NY/T 5361　无公害农产品　淡水养殖产地环境条件

SC/T 1009　稻田养鱼技术规范

SC/T 1107　中华鳖　亲鳖和苗种

SC/T 1135.1　稻渔综合种养技术规范　第 1 部分：通则

## 3 术语和定义

GB/T 22213 和 SC/T 1135.1 界定的术语和定义适用于本文件。

## 4 环境条件

### 4.1 稻田选择

土质保水性好，以壤土、黏土为宜。环境和底质应符合 GB 15618、NY/T 847 和 NY/T 5361 的规定。

### 4.2 水源水质

水源充足，水质应符合 GB 11607 和 NY/T 5361 的要求。

## 5　田间工程

### 5.1　稻田面积

平原地区田块面积以 $5\times667\ m^2\sim50\times667\ m^2$ 为宜，山区以 $1\times667\ m^2$ 以上为宜。

### 5.2　沟坑

沟坑占比应符合 SC/T 1135.1 的要求，宜按下列要求开挖边沟或坑：

a) 边沟沿田埂内侧 50 cm～60 cm 处开挖，宽 3 m～5 m，深 1 m～1.5 m。稻田机械作业的，留出 3 m～5 m 宽的农机通道。

b) 坑位紧靠进水口的田角处或一侧，形状呈矩形，深度 1 m～1.2 m，四周用密网或聚氯乙烯板围拦，围栏向坑内侧倾斜 $10°\sim15°$，坑埂高出稻田平面 10 cm～20 cm。

### 5.3　田埂

堤埂改造按照 SC/T 1009 的规定执行，利用挖沟坑的泥土加宽、加高、加固田埂。

### 5.4　进、排水设施

进、排水设施独立设置，进、排水口呈对角设置，并用密网包裹。排水口建在排水沟渠最低处。

### 5.5　食台设置

宜在沟坑边侧设置食台，设置方法参照 GB/T 26876 的规定执行。

### 5.6　防逃设施

参照 GB/T 26876 的规定执行。

### 5.7　监测监控系统

宜在田块四周、沟坑上方安装实时监控系统，在整个养殖区域进、排水处安装水质监测系统。

## 6　水稻种植

### 6.1　品种选用

水稻品种选用参照 SC/T 1135.1 的规定执行。

### 6.2　田面整理

插秧前应整田，以达到机械插秧或人工插秧的要求。

### 6.3　秧苗栽插

采取机械插秧或人工插秧的方式插秧，宜采用大垄双行栽种模式，水稻栽插密度应达到 1.2 万穴/667 $m^2$～1.4 万穴/667 $m^2$，每穴秧苗 2 株～3 株。

### 6.4 晒田

参照 NY/T 5117 的规定执行。晒田时，应缓慢排水，促使鳖进入沟坑。

### 6.5 施肥

根据稻田的肥力施足基肥，后期根据需要合理施用分蘖肥、穗肥，以有机肥为主。以鳖池为基底的稻鳖共作，一般无需施肥。

### 6.6 水分管理

插秧后前期以浅水勤灌为主，田间水层不宜超过 4 cm；孕穗阶段保持 10 cm～20 cm 水层，同时采用灌水、排水相间的方法控制水位。

### 6.7 病虫害防治

按照 NY/T 5117 的规定执行，宜采用物诱、化诱等物理、化学方法生态防治。

### 6.8 收割

水稻成熟后，应及时收割，秸秆还田。

## 7 中华鳖养殖

### 7.1 品种选用

优先选用经全国水产原种和良种审定委员会审定的品种，来自具有水产苗种生产经营许可证的企业生产的苗种，检疫合格，或选用自繁自育适合本地区养殖的品种。质量应符合 SC/T 1107 的要求。

### 7.2 放养

#### 7.2.1 消毒

按照 GB/T 26876 的规定执行。

#### 7.2.2 放养时间及方式

参照 GB/T 26876 的规定执行。先鳖后稻宜在插秧前半个月至 1 个月放养中华鳖，先将鳖限制在沟坑内养殖，待水稻插秧后 1 个月放鳖进入稻田；先稻后鳖宜在水稻生长 2 个月左右放养中华鳖。放养应选择在水温 20 ℃以上的连续晴天进行，放养温差不超过 2 ℃。

#### 7.2.3 规格与数量

中华鳖宜放养规格与密度见表 1。

表 1 放养规格与密度

| 个体规格<br>g | 密度<br>只/667 m² |
| --- | --- |
| 150～250 | 250～350 |
| 250～350 | 180～250 |

（续）

| 个体规格<br>g | 密度<br>只/667 m² |
|---|---|
| 350～500 | 120～180 |
| 500～750 | 100～120 |

### 7.3　养殖管理

#### 7.3.1　投喂

投喂中华鳖人工配合饲料，饲料质量应符合 GB/T 32140 的要求，投饲管理参照 GB/T 26876 的规定执行。

#### 7.3.2　水质调节

根据水质变化情况适时调控，水质应符合 GB 11607 和 NY/T 5361 的要求。

#### 7.3.3　巡查

及时清除危害中华鳖的敌害生物，及时检查是否漏水、防逃设施是否损坏。

### 7.4　疾病防治

疾病防治参照 GB/T 26876 的规定执行。

### 7.5　捕捞

可采用地笼、清底翻挖等方式捕获。

### 7.6　越冬

水稻收割后，沟坑内应及时注入新水，水位保持在 50 cm 以上为宜。中华鳖冬眠期间不宜注水和排水；冰封时，应及时在冰面上破洞。

附录4  稻渔综合种养技术规范
第6部分：稻鳅

# SC

# 中华人民共和国水产行业标准

SC/T 1135.6—2020

稻渔综合种养技术规范
第6部分：稻鳅

Technical specification for integrated farming of rice and aquaculture animal—
Part 6: Rice and loach

2020-08-26 发布                    2021-01-01 实施

中华人民共和国农业农村部  发布

# 前　言

本文件按照 GB/T 1.1—2020《标准化工作导则　第 1 部分：标准化文件的结构和起草规则》的规定起草。

本文件是 SC/T 1135《稻渔综合种养技术规范》的第 6 部分。SC/T 1135已经发布了以下部分：

——第 1 部分：通则。

请注意本文件的某些内容可能涉及专利。本文件的发布机构不承担识别这些专利的责任。

本文件由农业农村部渔业渔政管理局提出。

本文件由全国水产标准化技术委员会淡水养殖分技术委员会（SAC/TC 156/SC 1）归口。

本文件起草单位：全国水产技术推广总站、安徽省水产技术推广总站、湖北省水产技术推广总站、辽宁省水产技术推广总站、浙江省水产技术推广总站、安徽淮王渔业科技有限公司、宣城市念念虾稻轮作专业合作社。

本文件主要起草人：奚业文、蒋军、李巍、于秀娟、郝向举、李东萍、汤亚斌、赵文武、马文君、徐志南、王祖峰、胡忠军、刘学光、苏鹏飞、于航盛、罗念念、李苗、鲍鸣、吴敏、刘传涛。

# 引　　言

稻渔综合种养是一种典型的生态循环农业模式，稳粮增效、环境友好，已发展成为我国实施乡村振兴战略和农业精准扶贫的重要产业之一。在生产实践中，各地因地制宜，在稻田养殖鲤鱼之外，引入中华绒螯蟹、克氏原螯虾、中华鳖、泥鳅等特种经济水产动物，集成创新发展了稻鲤、稻蟹、稻虾（克氏原螯虾）、稻鳖、稻鳅等多种种养模式，形成了各自相对成熟的生产技术体系。但由于各地发展水平不均衡，对稻渔综合种养的认识有差异，不同种养模式之间的关键技术指标和要求不统一，有可能影响水稻生产、破坏稻田生态环境、危及产品质量安全。通过制定稻渔综合种养技术规范，统一关键技术指标和要求，并对各种养模式提供标准化、规范化的技术指导，有利于发挥稻渔综合种养"以渔促稻、稳粮增效、生态环保"的作用，促进产业的健康和可持续发展。

SC/T 1135 拟由六个部分构成。

——第 1 部分：通则；

——第 2 部分：稻鲤；

——第 3 部分：稻蟹；

——第 4 部分：稻虾（克氏原螯虾）；

——第 5 部分：稻鳖；

——第 6 部分：稻鳅。

第 1 部分的目的在于规范稻渔综合种养的术语和定义，明确技术指标和技术集成要求，建立综合效益评价方法，为起草不同技术模式的标准提供需要遵守的基本原则和技术要求。第 2 部分到第 6 部分是在第 1 部分的基础上，针对各种养模式，明确具体的技术要求。其中第 6 部分是针对稻鳅共作，明确环境条件、田间工程、水稻种植、泥鳅养殖等方面技术要求，提供关键技术指导，便于稻鳅共作经营主体在生产实践中使用，从而稳定水稻产量，提高泥鳅的产量和质量，保护稻田生态环境，提高稻田综合效益。

# 稻渔综合种养技术规范
# 第6部分：稻鳅

## 1　范围

本文件规定了稻田养殖泥鳅［*Misgurnus anguillicaudatus*（Cantor）］、大鳞副泥鳅［*Paramisgurnus dabryanus*（Sauvage）］的环境条件、田间工程、水稻种植、泥鳅养殖等技术要求。

本文件适用于长江流域水稻主产区稻鳅共作，其他地区稻鳅共作可参照执行。

## 2　规范性引用文件

下列文件中的内容通过文中的规范性引用而构成本文件必不可少的条款。其中，注日期的引用文件，仅该日期对应的版本适用于本文件；不注日期的引用文件，其最新版本（包括所有的修改单）适用于本文件。

GB 11607　渔业水质标准

GB 13078　饲料卫生标准

GB 15618　土壤环境质量　农用地土壤污染风险管控标准（试行）

GB/T 22213　水产养殖术语

NY/T 496　肥料合理使用准则　通则

NY/T 847　水稻产地环境技术条件

NY/T 1276　农药安全使用规范　总则

NY 5072　无公害食品　渔用配合饲料安全限量

NY/T 5117　无公害食品　水稻生产技术规程

NY/T 5361　无公害农产品　淡水养殖产地环境条件

SC/T 1125　泥鳅亲鱼和苗种

SC/T 1132　渔药使用规范

SC/T 1135.1　稻渔综合种养技术规范　第1部分：通则

## 3　术语和定义

GB/T 22213和SC/T 1135.1界定的术语和定义适用于本文件。

## 4 环境条件

### 4.1 稻田选择

稻田排灌方便，土质保水性好，以壤土、黏土为宜。环境和底质应符合 GB 15618、NY/T 847 和 NY/T 5361 的规定。

### 4.2 水源水质

水源充足，水质应符合 GB 11607 和 NY/T 5361 的规定。

## 5 田间工程

### 5.1 稻田面积

平原地区以 $10 \times 667 \text{ m}^2 \sim 15 \times 667 \text{ m}^2$ 为宜；山区和丘陵地区以 $1 \times 667 \text{ m}^2 \sim 5 \times 667 \text{ m}^2$ 为宜。

### 5.2 边沟、田间沟和暂养坑

#### 5.2.1 面积占比

边沟、田间沟和暂养坑的面积占比应符合 SC/T 1135.1 的要求。

#### 5.2.2 边沟

根据田块地形和大小，因地制宜，宜在距离田埂内侧 1 m 处开挖边沟，可挖成口形、U 形、L 形、I 形等形状，沟宽 1 m～2 m，深 0.5 m～1 m，坡比为 1：1；在交通便利的一侧留宽 4 m 左右的机械作业通道。

#### 5.2.3 田间沟

根据田块大小，宜选择在稻田中央挖"十"字形或"井"字形田间沟，宽 30 cm～40 cm，深 30 cm～40 cm，与边沟相通。

#### 5.2.4 暂养坑

在进水口和边沟交汇的地方开挖暂养坑，占稻田面积的 0.5%～1%，长宽比以 3：2 为宜，深 1 m～1.5 m。在暂养坑底铺一层厚 0.1 mm～0.2 mm 的塑料膜，然后在塑料膜上平压一层 10 cm～15 cm 厚的泥土；在暂养坑上方设置遮阳网，遮阳网的面积应达到暂养坑面积的 80%。

### 5.3 田埂

加高、加宽、加固田埂，田埂比田面高 60 cm～80 cm，底宽 120 cm，顶宽 80 cm，田埂应夯实，不漏水。

### 5.4 进、排水设施

具备相对独立的进、排水设施。进水口建在田埂上，离田面 50 cm 高；排水口建在边沟最低处；稻田进、排水口呈对角位置，进、排水口安装双层防逃网，进水口宜用长 1.5 m、直径 0.3 mm（50 目）网袋；排水口外层宜用

0.4 mm（40目）孔径聚乙烯网，内层宜用 0.4 mm（40目）孔径铁丝网做成拦鱼栅。

## 5.5　防逃设施

在田埂四周内侧埋设防逃设施，宜采用 0.4 mm～0.6 mm（30目～40目）孔径的聚乙烯网片，高出田埂和进水口 20 cm～30 cm，用木杆或小竹竿或其他材料固定，并埋入土下 40 cm～50 cm，四角呈圆弧形。

# 6　水稻种植

## 6.1　品种选用

参照 SC/T 1135.1 的规定执行。

## 6.2　田面整理

插秧前应整田，以达到机械插秧或人工插秧的要求。

## 6.3　秧苗栽插

5月—6月，或根据当地农时确定水稻插秧时间，采取机械插秧或人工插秧的方式插秧；结合边行密植确保水稻栽插密度达到 1.2 万穴/667 m²～1.4 万穴/667 m²，每穴秧苗 2株～3株。

## 6.4　晒田

参照 NY/T 5117 的规定执行。宜轻晒，以田块中间不陷脚、田面表土无裂缝和发白、水稻浮根泛白为宜、晒田结束后及时复水。

## 6.5　施肥

肥料施用应符合 NY/T 496 的要求。以有机肥为主，第一年宜施经发酵的有机肥500 kg/667 m²～600 kg/667 m²，后期根据水稻长势施用分蘖肥和穗肥各1次～2次。第二年起逐渐减少化肥施用量。肥料施用时应一次施半块田，间隔1 d后施另外一半田。不应将肥料撒入边沟、田间沟和暂养坑内。不应使用对泥鳅有害的氨水、碳酸氢铵等化肥。

## 6.6　水分管理

水稻生长初期，田面水深应保持在 5 cm 左右。随水稻生长，可加深至 15 cm 左右。水稻收割后，气候寒冷地区，稻田不再灌水，保持边沟最大水深。

## 6.7　病虫害防治

农药使用应符合 NY/T 5117、NY/T 1276 的要求，不应使用对泥鳅有害的药物。宜采用灯诱、化诱等物理、化学方法杀灭害虫。

## 6.8　收割

水稻收割前应排水。排水时，先将稻田水位快速下降至田面上 5 cm～10 cm，后缓慢排水，边沟内水位保持在 50 cm～70 cm。待田面晾干后收割稻谷。

## 6.9 水稻生产指标

水稻产量、质量、经济效益和生态效益应符合 SC/T 1135.1 的要求。

# 7 泥鳅养殖

## 7.1 鳅种来源

鳅种应来自具有水产苗种生产经营许可证的企业，并经检疫合格。鳅种质量符合 SC/T 1125 的规定。

## 7.2 运输

鳅种运输前，宜用 3%～4% 的食盐小苏打合剂（1∶1）消毒，浸洗 5 min～10 min。宜采取氧气袋充氧运输，每袋装水 3 kg，3 cm～4 cm 规格鳅种 800 尾～1 000 尾。运输时间以不超过 6 h 为宜。

## 7.3 鳅种放养

秧苗移栽 10 d～20 d 后，放养鳅种。放养鳅种要求体质健壮、体表光滑、无病无伤、活动力强。投放时应进行温差调整，可将氧气袋放入拟投放的水体 30 min 左右，使氧气袋内外水温温差≤2 ℃，再打开氧气袋，让鳅种游入水体。我国中部和南方地区，宜放养 3 cm/尾～4 cm/尾规格的鳅种 1 万尾/667 m²～1.5 万尾/667 m²；北方地区，宜放养 7 cm/尾～8 cm/尾规格的鳅种 0.5 万尾/667 m²～0.8 万尾/667 m²。

## 7.4 投喂

### 7.4.1 饵料培养

鳅种放养前 10 d 左右，按照沟坑面积施经发酵的有机肥 200 kg/667 m²～250 kg/667 m²，主要施入沟坑内。

### 7.4.2 饲料选用

粉料投喂 10 d～15 d，破碎料投喂 20 d～30 d，之后调整为颗粒饲料继续投喂，蛋白质含量以 25%～30% 为宜。饲料质量应符合 GB 13078 和 NY 5072 的规定。

### 7.4.3 投饲量

利用稻田饵料资源，减量投喂，日投饲量以泥鳅体重的 1%～3% 为宜。阴天和气压低的天气应减少投饲量。每次投喂的饲料量，以 1 h～2 h 吃完为宜。水温高于 30 ℃或低于 10 ℃时不投喂。

### 7.4.4 投喂方法

投喂地点选在边沟和暂养坑内，每天宜在 9∶00 和 17∶00 各投喂一次。投喂应定时、定位、定质、定量。

## 7.5 病害防控

发生病害时，应准确诊断、对症治疗，治疗用药应符合 SC/T 1132 的规定。平时宜通过以下措施进行病害预防：6月～10月，每月在边沟和暂养坑泼洒1次生石灰进行消毒，按照沟坑面积计算用量，以5 kg/667 m² 为宜；定期加注新水，调节水质。

## 7.6　日常管理

### 7.6.1　水质调节

6月～10月，每月宜按沟坑面积追施经发酵的有机肥50 kg/667 m²，并添加0.5 kg过磷酸钙，透明度控制在20 cm～25 cm。每隔1个月宜在沟坑遍洒1次漂白粉，用量按产品使用说明书使用。水温超过30 ℃时，每15 d宜换10%清水，并增加田面水深至30 cm。

### 7.6.2　巡田

早晚巡田，检查田埂有无漏洞，检查进排水口及防逃设施有无损坏。降雨量大时，将稻田内过量的水及时排出，防止泥鳅逃逸。

### 7.6.3　防敌害

及时清除、驱除稻田中的敌害生物。

## 7.7　捕捞

水稻收割前排水，将泥鳅聚集到边沟和暂养坑中，用抄网捕获。对抄网未能捕获的泥鳅可采用诱饵笼捕法捕获。

稻田养小龙虾

稻田养罗氏沼虾

稻田养鱼